S.8
9990

S

SOCIÉTÉ CENTRALE D'AGRICULTURE

D'HORTICULTURE

ET D'ACCLIMATATION DE NICE ET DES ALPES-MARITIMES

Fondée en 1860

et reconnue d'utilité publique par décret du 29 juin 1894

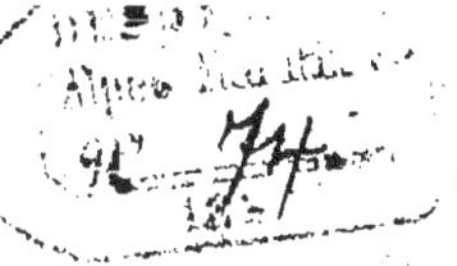

EXPOSITION

AGRICOLE ET HORTICOLE

DE NICE

Tenue les 31 Mars, 1er, 2 et 3 Avril 1898

DANS LES JARDINS DU SQUARE MASSÉNA

NICE

TYPOGRAPHIE, LITHOGRAPHIE ET PAPETERIE J. VENTRE & Cie

6, Rue de la Préfecture, 6

1898

S. 8
9990

SOCIÉTÉ CENTRALE D'AGRICULTURE

D'HORTICULTURE

ET D'ACCLIMATATION DE NICE ET DES ALPES-MARITIMES

Fondée en 1860

et reconnue d'utilité publique par décret du 29 juin 1894

EXPOSITION

AGRICOLE ET HORTICOLE

DE NICE

Tenue les 31 Mars, 1er, 2 et 3 Avril 1898

DANS LES JARDINS DU SQUARE MASSÉNA

NICE

TYPOGRAPHIE, LITHOGRAPHIE ET PAPETERIE J. VENTRE & Cie

6, Rue de la Préfecture, 6

—

1898

Supplément du Bulletin d'avril 1898, n° 4

EXPOSITION

AGRICOLE ET HORTICOLE

DE NICE

Tenue les 31 Mars, 1er, 2 et 3 Avril 1898

DANS LES JARDINS DU SQUARE MASSÉNA

COMITÉ D'ORGANISATION

MM. Antoine Risso, président de la Société d'Agriculture ;

Antoine Maru, vice-président de la Société d'Agriculture ;

Émile Sauvaigo, (Dr), secrétaire général de la Société d'Agriculture ;

Louis Belle, professeur départemental d'Agriculture ;

Victor de Cessole, (Chev.), trésorier de la Société d'Agriculture ;

Hippolyte Hancy, membre du Conseil d'administration ;

Pierre Isnard,	Id.
Antoine Lambert,	Id.
François Lambert,	Id.
Paul Martin,	Id.
Antoine Martin,	Id.
Jules Tourtel,	Id.
Albert Vérani,	Id.
Antoine Vial,	Id.

COMMISSAIRES

MM. Paul MARTIN, membre du Conseil d'administration, commissaire général de l'Exposition ;

Louis BELLE, professeur départemental d'agriculture ;

Antoine MARI, vice-président de la Société d'Agriculture ;

Emile SAUVAIGO, (Dr), secrétaire général de la Société d'Agriculture ;

Antoine VIAL, membre du Conseil d'administration.

JURY

MM. Edouard ANDRÉ, chevalier de la Légion d'honneur, rédacteur en chef de la *Revue Horticole*, de Paris, président général du Jury ;

GRANGER, botaniste de la marine à Toulon (Var), secrétaire-rapporteur du Jury ;

Jean AYMARD, horticulteur-fleuriste à Montpellier (Hérault) ;

BELLANJON, directeur du Grand Hôtel, à Nice ;

P. BESSON, viticulteur, président de l'Union horticole des Bouches-du-Rhône, à Marseille ;

CHABAL-DUSSURGEY, professeur de dessin et de peinture, à Nice ;

COSTA Albert, directeur de l'Union des Propriétaires de Nice (Huiles) ;

Pierre COUSTON, chevalier du Mérite agricole, horticulteur à Marseille ;

DEMÔLE, chevalier de la Légion d'honneur, président de la Société d'agriculture de Cannes, président de section du Jury ;

Eugène DENY, officier du Mérite agricole, architecte-paysagiste, à Passy-Paris ;

Paul DEVAUX, propriétaire-viticulteur, à Lons-le-Saulnier ;

MM. FEUILLAT, chef de cultures, propriété Fournier, à
St-Barnabé, Marseille ;

J. GAZAUD fils, horticulteur, secrétaire général de
l'Union horticole des Bouches-du-Rhône, à Marseille.

François GOS, chevalier du Mérite agricole, conseiller général du Var, directeur de la *Petite
Revue* agricole et horticole, de Toulon (Var) ;

MARTICHON fils, secrétaire-général adjoint de la
Société d'agriculture de Cannes ;

Claude MONTEL, vice-président de la Société d'horticulture et de botanique de Marseille ;

François NICOLAS, horticulteur à Saint-Giniez
(Marseille) ;

Albert PINGEON, horticulteur, à Dijon (Côte-d'Or) ;

POITOU, officier du Mérite agricole, viticulteur,
conseiller général de la Gironde, à Libourne.

COMPTE-RENDU DE L'EXPOSITION

Première Journée (Jeudi 31 Mars)

L'Exposition florale et le Concours agricole et horticole organisés par la Société centrale d'agriculture, d'horticulture et d'acclimatation de Nice et des Alpes-Maritimes ont été installés sur le bel emplacement du Square Masséna et ses annexes.

La fête d'inauguration a eu lieu le jeudi, 31 mars, à 2 heures. Malheureusement, mars est un mois capricieux sur nos rives d'or. La pluie — pluie malencontreuse s'il en fut — est venue contrarier la cérémonie d'inauguration à laquelle assistaient M. le Préfet des Alpes-Maritimes, M. le Maire de Nice et tous les personnages officiels. Et c'est vraiment dommage ; car, de l'avis unanime de tous ceux qui, bravant l'inclémence du ciel, ont visité l'Exposition, les diverses galeries qui la composaient, renfermaient de véritables merveilles.

Le coup d'œil de cette fête de la verdure et des fleurs était splendide et la Société centrale d'agriculture de Nice a reçu de tous côtés de vives félicitations pour son heureuse initiative et pour le soin qu'elle a apporté dans l'organisation de cette intéressante exhibition.

On connaît la prodigieuse fécondité des jardins et des parterres niçois. Sous les rayons bienfaisants de notre gai soleil, les fleurs éclosent comme par enchantement. Et quelles fleurs ! On y trouve des spécimens des flores de tous les pays.

Par une sélection habile, grâce à des soins intelligents, nos horticulteurs-fleuristes sont parvenus à obtenir de magnifiques collections dans tous les genres qui font l'admiration de tous les spécialistes. C'est assez dire que le succès d'une Exposition florale à Nice ne saurait être douteux. Mais pour que la fête soit complète, il est indispensable que le soleil y prenne part. Comme metteur en scène, rien ne peut le remplacer. En cette circonstance, il nous a boudé un peu trop longtemps et tout le monde a regretté son absence.

On a dit que l'Exposition florale de 1898 a surpassé celle de 1895 qui avait été cependant supérieure à celles qui l'avaient précédée. Celà est vrai ; elle était parfaite de tous points. Les organisateurs n'avaient rien négligé pour la rendre attrayante. Comme pour la précédente Exposition, l'emplacement choisi, cette année, embrassait toute la partie de la couverture du Paillon comprise entre le Casino et le Pont-Neuf. L'entrée principale artistement décorée était située sur le trottoir du quai Saint-Jean-Baptiste, face à la rue Alberti. Au centre, se dressait un grand pavillon orné de tentures, de drapeaux et de verdure auquel on accédait par une claire-voie bordée de plantes et de fleurs. A droite, se trouvaient les galeries occupées par les expositions des fleuristes. A gauche, par delà les plates-bandes qui entourent la statue de Masséna, étaient les galeries des produits agricoles et des outils et appareils divers se rapportant à l'exploitation des champs.

Le plan général de l'Eposition, dû à M. Paul Martin, ingénieur, a été exécuté par M. Blancon, entrepreneur. La décoration était l'œuvre de M. Robaudy, l'habile entrepreneur des fêtes publiques. Ces trois messieurs ont droit aux plus vives félicitations. Malgré les coups de vent brusques et répétés, en dépit de la pluie qui n'a cessé durant toute la journée du jeudi et la matinée du vendredi, on n'a rien eu à constater d'anormal dans l'agencement du matériel.

Les opérations du jury composé de praticiens qui se sont acquis par leurs études et leurs travaux une juste notoriété ont été longues, en raison du grand nombre de lots qu'il avait à juger. Elles n'ont été terminées que le lendemain, vendredi 1er avril, dans la matinée. MM. les Jurés n'ont pu s'empêcher d'exprimer leur étonnement à la vue des richesses florales amoncelées. Ils ont marché de surprise en surprise, d'enchantement en enchantement, dans l'énivrement des parfums et la féerie des couleurs.

Il est difficile dans cet état d'âme qui s'empare du visiteur de donner une relation impeccable d'une pareille promenade au milieu de tant de merveilles entassées sous la toile des tentes.

Dans le clair-obscur qui règne, les fleurs ont des tonalités douces et discrètes. On croirait se trouver dans un salon fleuri dont on aurait fermé toutes les fenêtres. Si le coup-d'œil y perd au point de vue du pittoresque et de l'éclat, le tableau est loin d'être sans charme. L'air est imprégné de senteurs exquises.

Nous ne suivrons point le jury dans ses difficiles et délicates opérations ; des personnes plus autorisées ont donné une description très détaillée des merveilles qu'elles ont appréciées. Nous renvoyons le lecteur au rapport de M. Granger, secrétaire-général du Jury et aux articles si intéressants de M. Edouard André, rédacteur en chef de la *Revue horticole de Paris*, de M. Henry Sagnier, rédacteur en chef du *Journal de l'Agriculture* et de M. François Gos, directeur de la *Petite Revue agricole et horticole*. Tous ces comptes-rendus sont insérés dans ce recueil dont la lecture intéressera tous ceux qui ont le culte des fleurs.

Deuxième Journée (*Vendredi 1er avril*)

Le temps a continué à se montrer fantasque durant presque toute la matinée de la deuxième journée. La pluie est tombée par intermittence et les exposants songeaient avec peu d'enthousiasme à la perspective de passer encore toute une journé edans l'humidité, sous les galeries désertes.

Et, en effet, cette matinée a été bien triste ; seuls, les membres du Jury erraient au milieu des fleurs épanouies et des plantes au feuillage luisant.

Fort heureusement, vers deux heures, le vent a tourné et une trouée s'est faite dans les nuages, découvrant une large bande d'azur. Après des alternatives inquiétantes, la victoire est restée au vent et, dans la soirée, le ciel était presque entièrement déblayé.

Dès qu'on a pu juger l'accalmie sérieuse, la foule s'est portée vers l'emplacement de l'Exposition et, à 4 heures, le nombre des visiteurs était considérable. On remarquait beaucoup de dames en toilettes claires.

Les curieux se sont surtout longuement arrêtés dans la galerie spéciale où M. Van den Daële, jardinier en chef de la Société des bains de mer de Monaco, avait exposé les merveilleux produits des jardins princiers. Nous donnons plus loin la nomenclature complète des fleurs et plantes superbes exposées par cette société qui a puissamment contribué à l'éclat de la fête des fleurs.

Il convient de citer aussi les plates-bandes des jardins sis dans la partie gauche, aux abords de la statue de Masséna, employées avec un goût parfait pour l'exposition des fleurs sortant des pépinières de la Ville.

M. François Lambert, directeur de ces pépinières et M. A. Garach, son chef de culture, se sont surpassés dans cette exposition.

On se trouvait tout d'abord en présence d'un massif d'œillets comprenant plus de 70 variétés rares, aux nuances ardoisée, saumon, rouge velouté, rose chair, jaune pur, rose jaune et ardoisé. Ces fleurs magnifiques provenaient de semis. Il a fallu environ dix ans de culture pour obtenir ces remarquables variétés.

Ces messieurs avaient encore à leur actif plusieurs lots ravissants, notamment :

De jolies guirlandes de pyrétrum, de pensées et de cyclamens ;

Un original écusson de la ville de Nice, formé de cyclamens, de pyrétrum et de myosotis ;

Un grand massif comprenant des renoncules, des cinéraires nains, des pâquerettes, des cyclamens et des pensées entourées d'un dessin en petit gravier rouge. Honneur à ces vaillants ouvriers horticoles !

Les visiteurs se sont aussi longuement arrêtés dans le pavillon spécial réservé aux syndicats agricoles des Alpes-Maritimes : Cagnes, Cabbé-Roquebrune, Gilette, Berre et l'Escarène qui ont pris part à ce tournoi agricole. Ce pavillon mis gracieusement à leur disposition par la Société centrale d'agriculture de Nice, a dignement rehaussé l'éclat de l'Exposition et, pendant toute sa durée, il a eu l'empressement continuel des visiteurs.

Là, les fleurs avaient fait place à deux autres produits qui seront de nouveau les principaux facteurs de la richesse agricole du département : les vins et les huiles. De nombreux échantillons garnissaient tout l'emplacement ; des dégustateurs émérites ont pu se convaincre que notre huile est d'une finesse remarquable et le bouquet de nos vins, lorsque les agriculteurs feront leur vinification d'après les méthodes modernes, aura une renommée qui pourra être mise en parallèle avec les meilleurs crûs de Bourgogne et de Bordeaux. Aussi les syndicats agricoles qui ont exposé collectivement ont-ils obtenu des récompenses bien méritées.

Troisième journée (Samedi 2 avril)

Ce jour-là, la foule a été considérable dans l'enceinte de l'Exposition. Aussi l'animation était-elle grande, l'après-midi surtout, autour des différents étalages. On s'empressait devant le pavillon de la tombola où de dévoués commissaires plaçaient des billets, tandis que les dames et les demoiselles patronnesses en plaçaient parmi les groupes des visiteurs.

A deux heures et demie de l'après-midi, S. A. S. le Prince Albert Ier de Monaco, accompagné de M. le comte de Lamothe d'Allogny, son chambellan, est arrivé à l'Exposition.

Le Prince a été reçu sous le pavillon d'accès par M. Le Roux, préfet ; M. Sauvan, maire ; M. Risso, président de la Société d'horticulture ; M. Paul Martin, commissaire général de l'Exposition ; MM. d'Auzac et le Chevalier Victor de Cessole.

Accompagné par ces messieurs, le Prince a commencé aussitôt sa promenade dans l'Exposition, tandis que les musiques jouaient l'*Hymne Monégasque* et la *Marseillaise*.

L'Auguste visiteur n'a pas caché son admiration pour les magnifiques étalages de fleurs qu'on lui a montrés. A plusieurs reprises, il a demandé des renseignements, témoignant ainsi de l'intérêt qu'il porte à cette belle manifestation d'une des plus grandes industries de notre région, et ne ménageant pas ses compliments aux exposants et aux organisateurs.

S. A. S. s'est arrêtée très longtemps devant les magnifiques serres de la Société des Bains de Mer de Monaco. M. Van den Daële, l'intelligent chef jardinier de Monte-Carlo, a présenté lui-même son exposition au souverain.

On sait combien a été remarquée, depuis l'ouverture, cette superbe galerie de notre Exposition. Aussi S. A. S. le Prince Albert a-t-il vivement félicité M. Van den Daële, auquel elle a serré la main.

Avant de se retirer, le Prince a de nouveau complimenté le savant jardinier, exprimant ses regrets de ne pouvoir rester plus longtemps pour admirer les magnifiques cultures que la Société des Bains de Mer de Monaco a bien voulu exposer à Nice, sous la direction si compétente de M. Van den Daële.

Ajoutons encore que le Prince a eu une gracieuse attention pour M. François Lambert, directeur des jardins publics de la ville de Nice. Après avoir remarqué la beauté des parterres fleuris de M. Lambert, le prince lui a adressé toutes ses félicitations pour son habileté et son goût.

La visite du Prince, faite au milieu d'une foule respectueuse, prenait fin à 3 h. 1/2. Accompagnée jusqu'à la sortie par toutes les personnes citées plus haut, Son Altesse a remercié M. le Préfet, M. le Maire et M. A. Risso, ajoutant pour le président de la Société d'agriculture et d'horticulture de Nice des félicitations sur la réussite de l'Exposition qu'Elle venait de visiter.

La musique a salué ce départ en jouant encore les deux hymnes nationaux.

En résumé, belle journée, empressement du public qui circulait difficilement dans les galeries, charmé et ravi, les yeux réjouis par la vue de cet étalage des plus beaux produits de la flore de Nice que sont aussi venu visiter en détail, leurs A. R. la princesse Béatrix et la princesse de Battenberg, félicitant les exposants, notamment M. Van den Daële et M. François Lambert.

Quatrième et dernière journée (Dimanche 4 avril)

Le soleil s'est levé radieux. Une foule élégante s'est rendue à l'Exposition florale. Le ciel balayé dès le matin était redevenu le ciel de Nice. Les visiteurs n'ont pas manqué pendant cette journée qui devait clôturer la fête à 6 heures du soir et l'on a longuement admiré les merveilles exposées. On a constaté qu'en dépit d'un ciel momentanément obscurci, cette Exposition florale a prouvé aux nombreux étrangers que même sans soleil notre pays pouvait encore émerveiller les yeux par la gamme éclatante des couleurs.

La partie essentielle de cette dernière journée a été la distribution des récompenses qui a eu lieu à 2 heures dans la salle des concerts du Casino, mise obligeamment à la disposition de la Société d'agriculture par M. Tessier, le sympathique directeur de cet établissement.

Les lauréats et le public attendaient l'arrivée des autorités qui devaient présider à la distribution des récompenses.

A 2 heures, l'hymne national retentit. M. le Préfet arrive accompagné de M. Borriglione, sénateur des Alpes-Maritimes, de M. Raiberti, député de Nice, de M. le Maire de Nice, de M. A. Risso, président de la Société d'agriculture et d'horticulture, des membres du Conseil d'administration de la Société et des invités.

Ces messieurs prennent place sur la scène de la salle des concerts brillamment éclairée ; cette salle est comble. On remarque beaucoup de dames en toilettes printanières ; n'est-ce pas la fête des fleurs !

M. le Préfet ouvre la séance ayant à sa droite : MM. Borriglione, sénateur ; Honoré Sauvan, maire de Nice ; Granger, botaniste, secrétaire-rapporteur du jury ; Chevalier V. de Cessole, trésorier de la Société d'Agriculture ; à sa gauche : MM. Antoine Risso, président de la Société d'agriculture ; Raiberti, député des Alpes-Maritimes et Paul Martin, ingénieur, commissaire général de l'Exposition.

Discours de M. Antoine RISSO

Mesdames, Messieurs,

Je dois d'abord adresser à M. le Préfet tous nos remerciements pour l'honneur qu'il veut bien nous faire en venant présider cette fête de l'agriculture au succès de laquelle il a puissamment contribué, car c'est grâce à sa bienveillante intervention que nous avons obtenu du chef de l'État et du Ministre de l'agriculture une médaille en vermeil et une grande médaille d'argent, *prix d'honneur* qui stimulent puissamment l'émulation et le zèle des exposants. Lui-même a bien voulu mettre à notre disposition une grande médaille de vermeil ; quoique nouvellement venu parmi nous, il nous a prouvé par tous ces témoignages de sympathie le grand intérêt qu'il porte à l'agriculture et à l'horticulture de notre département et sa sollicitude pour les laborieuses populations de nos campagnes.

Aussi je crois être l'interprète des sentiments unanimes des exposants et des membres de notre Société d'agriculture en lui exprimant publiquement nos sentiments de gratitude et de sincère reconnaissance. Il voudra bien, nous l'espérons, être l'interprète de ces mêmes sentiments envers M. le Président de la République et M. le Ministre de l'Agriculture.

Nous devons des remerciements aussi à M. le Maire et aux membres du Conseil municipal de notre chère ville de Nice pour la généreuse subvention qu'ils ont accordée.

Au Comité des fêtes dont l'élégant matériel, gracieusement mis à notre disposition, a permis à notre collègue M. Paul Martin, ingénieur et commissaire général du concours, de composer le cadre charmant que vous avez admiré et qui fait le plus grand honneur à son habileté.

Je ne saurais oublier non plus les généreux donateurs de médailles, à tous nous présentons l'hommage de notre reconnaissance.

Nos remerciements s'adressent aussi très sincères et très chaleureux à MM. les membres du Jury qui nous ont apporté le concours bienveillant de leurs lumières et l'appui de leur autorité, ils ont ainsi coopéré à rendre notre exposition plus sérieuse et plus brillante.

Je n'essayerai pas de vous parler du mérite des exposants ni des admirables richesses horticoles que notre exposition renferme : je me sens au-dessous de la tâche et j'empiéterai sur les prérogatives de M. le Secrétaire, rapporteur du Jury qui, avec son savoir et sa compétence, vous fera connaître dans quelques instants sur l'ensemble de l'exposition l'appréciation des sommités horticoles qui composent notre Jury.

Je me bornerai à constater le plein succès de notre exposition et à adresser à nos horticulteurs à qui en revient le plus grand mérite nos chaleureuses félicitations et à leur dire : vous êtes dans la bonne voie, persévérez, vous maintiendrez ainsi haut la renommée de l'horticulture de notre beau pays.

Nous avons constaté avec la plus grande satisfaction qu'un nombre relativement considérable d'agriculteurs ont pris part à notre concours, c'est là un heureux présage qui nous fait espérer que dans un avenir prochain l'agriculture occupera aussi dans ces luttes de la paix et du travail la place légitime qui lui revient.

Déjà au mois de septembre dernier, lors de notre exposition de raisins, nous avions été agréablement surpris de l'empressement avec lequel les viticulteurs de notre département avaient répondu à notre appel, et je puis dire que non seulement ce concours a parfaitement réussi, mais encore que le résultat a dépassé nos espérances.

Aujourd'hui le nombre des exposants s'est considérablement accru et les vins occupent une place importante dans notre exposition.

Cela prouve que la reconstitution du vignoble est en bonne voie dans notre département, que la confiance renaît et que bientôt la vigne pourra nous donner encore les produits rémunérateurs d'autrefois.

Pourquoi ne pouvons-nous en dire autant de ce grand malade — l'olivier — qui dans les principales parties de notre région constituait la ressource importante sur laquelle l'agriculture pouvait compter !

Espérons que pour lui aussi viendront des jours meilleurs et *souhaitons* que les pouvoirs publics émus de nos doléances veuillent bien faire droit à nos justes réclamations en nous accordant, au moins, le dégrèvement de l'impôt foncier sur les terrains complantés d'oliviers.

Notre association secondée par les sociétés similaires du département ne négligera rien pour arriver à atteindre ce but, et nos efforts réunis seront certainement couronnés de succès, nous l'espérons du moins.

Je ne voudrais pas abuser de vos instants, toutefois avant de céder la parole à M. le Secrétaire rapporteur du Jury, je tiens, en terminant, à constater l'esprit d'émulation que notre exposition a révélé dans toutes ses parties. J'ose espérer que MM. les agriculteurs et horticulteurs persévéreront dans leurs travaux qui sont non seulement la source de la fortune privée, mais encore les facteurs de la richesse publique. Ils s'inspireront ainsi du conseil du sage qui assure l'avenir au plus laborieux.

RAPPORT DE M. GRANGER

SECRÉTAIRE GÉNÉRAL DU JURY

MESDAMES,

MESSIEURS,

Fidèle à sa mission toute de désintéressement et de progrès, la Société d'agriculture, d'horticulture et d'acclimatation de Nice et des Alpes-Maritimes vient, une fois de plus, d'affirmer la vitalité et la puissance de l'horticulture méridionale en nous conviant à ses assises horticoles.

Nous croirions manquer à notre devoir si nous ne rendions, en commençant, un juste hommage aux organisateurs de cette exposition qui n'ont rien négligé pour donner à cette fête horticole cet éclat particulier que l'on retrouve toujours à Nice, joyau de la côte d'azur, — ce cachet d'élégance artistique si nécessaire au succès, en un mot ce *chic* parisien qui fait si souvent défaut ailleurs et que nous avons retrouvé ici plus vivant, plus caractérisé que jamais.

Grâce à ces organisateurs, à la tête desquels se trouvait M. Paul Martin en qualité de commissaire général, notre tâche, à nous jurés, nous fut aisée et difficile à la fois : aisée parce que tout avait été prévu, ordonné, classé avec un soin jaloux, ce qui simplifiait de beaucoup la besogne ; difficile parce que les apports étaient nombreux et que tous rivalisaient de beauté et de valeur.

LES HORS CONCOURS

Si nous jetons un coup d'œil d'ensemble sur cette exposition qui n'est rien moins qu'admirable et merveilleuse, nous restons étonnés de la prodigieuse acti-

vité qu'il a fallu déployer pour mener à bien une entreprise de ce genre, entreprise destinée à mettre en relief ce que notre sol fécond produit de plus gracieux et de plus beau. Ce juste tribut rendu à la Commission d'organisation, les félicitations du jury doivent tout naturellement aller aux personnes dévouées à la cause horticole niçoise, à celles qui, malgré une réputation établie, ont tenu à rehausser, par leurs apports hors concours, l'éclat de cette fête des fleurs.

Parmi ces vaillants, nous citerons M. Mari, du Parc-aux-Roses, qui, dans la culture des fleurs d'exportation, des roses surtout, s'est placé au premier rang de l'horticulture méridionale, M. Perrin, l'habile cultivateur d'œillets, l'Ecole d'agriculture d'Antibes, MM. Curti, Seyfarth et Denis Marcel.

Le clou de l'exposition est sans contredit l'apport considérable de la Société des Bains de Mer de Monte-Carlo. Cette exhibition dépasse en beauté tout ce que l'imagination saurait rêver. Les plantes, toutes de serre chaude, artistement disposées dans un pavillon particulier sont autant de rares échantillons .les flores exotiques les plus diverses. A les voir si belles et si saines on ne dirait pas qu'elles se trouvent en un pays d'exil ! Tout cela est le résultat d'une connaissance profonde de la culture de ces plantes et de la sollicitude toute particulière dont l'habile jardinier chef, M. Van den Daele, sait entourer ses produits. Il faudrait les citer toutes, ces créatures charmantes, parce qu'elles sont méritantes à plus d'un titre, les unes par leur feuillage les autres par leurs fleurs, toutes par leur robusticité et leur beauté. Où trouver des plantes plus admirables que cette collection de *Caladiums du Brésil* où nous revoyons avec plaisir la plupart des dernières nouveautés. Rien n'est beau comme ces *Crotons* aux panachures si diverses et si originales, plantes que l'habileté du cultivateur a réussi à conduire en pyramide avec un art tout particulier. Et ces *Anthuriums* aux spathes énormes obtenus de semis de l'exposant, tout cela n'est-ce pas admirable ?

M. Lambert, le directeur des jardins et plantations de la ville de Nice, a, pour cette solennité, revêtu le square Masséna de ses plus beaux atours. Les pelouses au fin gazon sont entourées de motifs de guirlandes du plus charmant effet et cela avec des plantes comme les cyclamens, les pensées, les pâquerettes, autant de vieilles connaissances, et quelques autres plantes dont M. Lambert et son jardinier chef, M. Garach, ont su tirer le parti le plus ravissant.

Quant aux massifs eux-mêmes, nous ne saurions ici dissimuler le plaisir qu'a éprouvé le jury à les examiner. L'arrangement des plantes en opposant les coloris montre que MM. Lambert et Garach savent largement tirer parti de l'effet des contrastes ; j'en prends à témoin ce beau massif de renoncules, de cinéraires, de cyclamens et de pensées qu'accompagnent d'élégantes arabesques, de pyrèthre doré sur un fond de gravier artificiellement coloré.

Nous n'aurions garde d'oublier ce beau massif d'œillets en pots si malheureusement abimé par la pluie. Nombreuses sont les variétés, mais il en est une nouvelle tout-à-fait remarquable, à fond rouge violacé frangé de blanc, dont, à regret, nous taisons le nom et que nous n'avons certes pas besoin de recommander à la sollicitude de son obtenteur.

LES CONCOURS PROPREMENT DITS

Parmi les concurrents, M. Antoine Lambert est celui qui a le plus contribué au succès de l'exposition. Nous le retrouvons dans un grand nombre de sections occupant à lui seul le beau pavillon vitré si artistement construit par M. Louis Allo. Après lui vient M. Bouteilly le lauréat de la dernière exposition, avec aussi un grand nombre de lots. La maison Vilmorin-Andrieux dont la réputation n'est plus à faire mais qui, toujours pleine de sollicitude pour tout ce qui touche à l'horticulture méridionale a bien voulu nous montrer les plus beaux échantillons de ses cultures d'Empel. M.

Antoine Bonfils et enfin MM. Besson frères qui ont comblé une lacune existant presque toujours dans nos expositions méridionales en présentant une belle collection de végétaux ligneux propres à l'ornementation des jardins sur le littoral enchanteur de la Méditerranée.

Viennent ensuite toute une pléïade d'exposants que nous ne pouvons tous citer parce que l'énumération en serait trop longue, mais dont il est nécessaire pourtant que nous examinions les principaux lots.

Voici d'abord les *Cinéraires*, ces plantes précieuses pour l'ornementation hivernale des jardins sur notre littoral. Le lot de la maison Vilmorin est en tous points remarquable, aussi bien par la tenue des plantes, la grosseur des inflorescences et la grandeur des fleurs que par la diversité des coloris dont quelques-uns tous nouveaux ont particulièrement attiré l'attention du jury par leur ton vieux rose. Le lot de mêmes plantes de M. Bonfils est aussi très beau dans son ensemble et les coloris nouveaux aussi nombreux et aussi jolis. Lorsque par une sélection sévère et continuelle ces Messieurs seront arrivés à obtenir le cinéraire blanc pur aussi facilement que les autres nuances ce sera un pendant à celle déjà fixée d'azur du ciel.

Les anémones, les renoncules, les jacinthes, les tulipes, etc., étaient en nombre assez important pour représenter dignement le groupe des plantes bulbeuses. Les anémones de M. Brun. fleur des pois et celles de M. Dugherra, les renoncules de M. Brunel fils et celles de M. Goiran, les jacinthes de MM. Orrechia et Bouttant, tout cela est de bonne venue, d'excellente floraison, témoins d'une culture intelligente et soignée.

Ici ce sont les cannas à grandes fleurs de M. Bonfils, plus loin ceux de M. Antoine Lambert en un massif très réussi de *Reine Charlotte*. Nous sommes loin, bien loin des cannas que l'on cultivait autrefois pour la seule ornementation du feuillage. Ce dernier ne joue plus maintenant qu'un rôle secondaire, à voir ces fleurs si grandes et si diversement colorées.

Disséminés un peu partout les lots de *Cyclamen de Perse* jettent leur note blanche et rouge parmi les plantes à feuillage. Deux lots de ces plantes bulbeuses sont vraiment méritants et MM. Orrechia et Carlès qui les ont cultivées n'auront bientôt plus rien à envier à ceux qui sont passés maîtres dans cette culture.

Je n'aurais garde d'oublier parmi les plantes bulbeuses les beaux apports de M. Antoine Lambert avec ses *Clivias* et ses *Lilium Harrisii* ; les uns et les autres ont fait l'admiration de tous, les premiers avec leurs ombelles énormes fraîchement épanouies, les seconds par la blancheur éclatante de leur fleur et la majesté de leur port.

Revenons un peu en arrière et admirez avec moi les azalées de M. Bouteilly. En un massif d'une saisissante beauté les plus belles variétés d'azalées étalent aux yeux du visiteur émerveillé les trésors de leur floraison. C'est une cascade éblouissante de corolles avec tous les tons de la série xantique, depuis le blanc le plus pur jusqu'au rouge le plus rutilant, en passant par les intermédiaires. Le rose foncé de *M. Moore* fait très bien à côté du blanc pur de *A. Borsig* ou de *Bernard André alba*, tandis que *roi de Hollande* jette au milieu de cet amalgame de couleurs sa note de rouge éclatant.

Voici maintenant les fleurs à la mode, les orchidées bizarres, apport de l'infatigable M. Bouteilly, en un lot magnifiquement présenté. Que dire de ces fleurs étonnantes qui ont depuis 20 ans révolutionné le monde horticole, dont les unes brillent des plus vives couleurs en répandant une odeur délicieuse et dont les autres sont de coloris livide et d'odeur désagréable. Combien sont belles ses chères exilées, échantillons superbes d'une flore merveilleusement riche. Lesquelles préférer parmi toutes celles que nous montre M. Bouteilly? Dans ce mélange extraordinaire d'inflorescences anormales, nous remarquons tous les genres et tous les types. Ici le *Zigopetalum Perrenondi*, là le *Licastre skineri*, plus haut le *Miltonia*

4.

cuneata, et, pour ne citer que celui-là, le charmant et gracieux *Odontoglossum roseum*.

Puisque nous sommes aux plantes de serre chaude, examinons en passant, toujours dans les apports de M. Bouteilly les *Broméliacées*, ces plantes sœurs des orchidées épiphites *Bilbergias* et *Tillandsia*, encadrant d'une façon très heureuse d'autres plantes d'un grand effet ornemental. Les *Dracænas amabilis* et *superbissima* mélangent leurs feuilles bariolées à celles plus bariolées encore des crotons.

Rien n'est original et ornemental à la fois comme ces feuillages diversement colorés où les caprices d'une panachure prodigue ont parsemé les coloris les plus variés et les plus beaux sur des organes que la nature s'est plu à déchiqueter de la plus étrange façon.

Il me reste à parler des *Fougères* de M. Antoine Lambert et de son lot de plantes de serre chaude qui ont fait l'admiration d'un public connaisseur : Les frondes élégantes des *Adianthums cuneatum* et *gracillinum*, des *Pteris trifoliata* et *cretica* font comme un piédestal à celles plus majestueuses de l'*Alsophila australis*, du *Nephrolepis Barallioïdes Furcans*, de l'*Asplénium nidus*, ce dernier d'un vert glauque faisant ressortir plus encore la beauté du charmant *Pteris argirea*.

J'arrive à l'exposition des œillets. C'est, sans contredit, un des clous de l'exposition générale. A voir ces corolles monstrueuses, d'une infinie variété de coloration, on se demande jusqu'où la patience des cultivateurs nous mènera. Nous savions déjà avec quelle habileté ils ont surpris les secrets de la mystérieuse hybridation, mais nous étions loin de nous douter de la perfection aussi complète de ces perles florales, qui sont avec les roses les joyaux de la production méridionale. Les semeurs et les cultivateurs d'œillets du littoral peuvent et doivent être fiers de leurs gains et de leurs cultures, car ils sont arrivés, par leur initiative éclairée, tout en créant des merveilles, à n'être plus tributaires des cultivateurs lyonnais. Dans le lot de M. Perrin, qui est hors concours, nous avons remarqué quelques nouveautés dont le mérite nous a paru assez grand pour que nous puissions les citer ici. Ce sont : *Théodore Villard*, un rose cuivré ; *Professeur Belle*, jaune d'ocre rubané de rouge ; *Gianina Philipson*, un jaune saumoné strié et *Grande duchesse Olga*, un blanc strié de rose extra.

Dans celui de M. Carriat, qui a obtenu le premier prix, les variétés *Baronne Hoffmann N° 15* et *Petrus Magal* ont particulièrement attiré notre attention, de même que *Soleil de Nice* rayonne toujours dans le riche apport de M. Gimello.

J'ose à peine parler des roses, tant je crains ne pouvoir rendre l'impression qu'a produite sur le jury et sur le public tout entier cette fleur idéale, cette reine des fleurs qu'est la rose. Comme l'auteur de ces quelques lignes, sans doute, vous aimez les roses, vous les aimez parce qu'en dépit des temps elles sont toujours restées les fleurs par excellence, quelque chose comme la quintescence de ces mille et une créatures charmantes que Dieu, pour égayer notre vie, a fait sortir de notre sol. Si vous aimez les roses, soyez satisfait, vous en avez ici à profusion, dans deux lots en pots, et deux lots en fleurs coupées présentés par les meilleurs cultivateurs de la région.

Le lot de fleurs coupées de M. Mari qui est hors concours renferme à lui seul un grand nombre de variétés toutes plus belles les unes que les autres et parmi lesquelles nous reconnaissons nos préférées *La France*, *Marie Van Houtte*, *Ulrich Brunner*, *Gloire Lyonnaise*, *Souvenir de la Malmaison* et tant d'autres encore qui sont autant de bijoux naturels, aux corolles éblouissantes disposées de la plus artistique façon.

Dans le lot de M. Carriat des gerbes de Maréchal Niel, ne pouvaient être passées sous silence.

Les lots de rosiers cultivés en pots avaient aussi une grande valeur. Ceux de MM. Lambert et Bonfils rivalisaient de fraîcheur et de beauté.

Ici se place une note discordante, car j'aborde l'exposition de fleurs ouvrées.

Dans un pays incomparable comme la région Niçoise, où depuis 20 ans la science de l'horticulteur a pris une place considérable, où les procédés se sont perfectionnés à l'infini, il s'est trouvé un seul exposant en fleurs ouvrées. Cet art si éminemment français de la décoration florale n'a pas trouvé grâce devant l'indifférence des principaux intéressés et les abstentions regrettables ont laissé vide une place qui aurait dû être la plus importante de l'exposition. Aussi ne saurions-nous trop féliciter M. Almondo de son lot de fleurs ouvrées qui témoignait d'un bon goût artistique.

Dans notre civilisation raffinée, les fleurs occupent une place telle qu'il y aura longtemps de beaux jours pour les cultivateurs, mais encore faut-il, pour contribuer à la production, que des artistes spéciaux s'ingénient à grouper, à associer ces beautés végétales. Ce sont ces artistes qui ont manqué à l'exposition de Nice. Oh ! ce n'est pas un reproche que je leur fais, ce reproche serait déplacé ici, c'est une prière que je leur adresse pour qu'à la prochaine manifestation horticole on ne sache ce qui doit être le plus admiré, de leur talent ou des fleurs qu'ils emploieront.

Dans la partie florale, j'ai gardé pour la bonne bouche l'exposition si intéressante et si belle de la maison Vilmorin, Andrieux et Cie.

Le *Salvia splendens* amélioré d'Empel, est une nouveauté de cette maison. Nous connaissions déjà cette plante pour l'avoir admirée dans une autre exposition. Elle n'a fait que gagner depuis par ses boutons énormes, ses grandes fleurs du rouge le plus vif portées sur de nombreuses inflorescences bien dressées et bien garnies qui font de cette sauge une plante de grand avenir pour les premières ornementations estivales.

Quant au lot de plantes annuelles, il est tout simplement ravissant. L'œil, fatigué de tant d'éclat, ébloui de tant de merveilles, se repose aisément sur ces humbles fleurs de nos parterres, celles qui nous furent toujours les plus fidèles, et qui, parce qu'elles sont les plus communes, restent aussi les plus populaires. N'est-ce pas un beau spectacle que celui de ces résédas aux fleurs pyramidales, de ces giroflées quarantaines à grandes fleurs, ces clochettes de linaires, couleur de neige et d'azur, retombant sur un tapis de *Brachicome bleu*, de *Gilia tricolor*, de *Capucines variées et panachées*, de *Julienne de Mahon* et de quelques autres encore.

Nous citerons dans notre énumération les aloës de MM. Musso et Bensa et les échantillons d'acacias greffés de M. Lambert. Grâce aux recherches de ce dernier exposant il sera désormais possible de cultiver dans les terrains calcaires les *acacia diabalta* et *cultriformis* qui s'y sont montrés jusqu'ici absolument réfractaires.

Dans la 2ᵉ catégorie, M. Harmant Lamouche nous présente des fruits superbes et M. Nigon des fraises qui donnent des envies d'y croquer à belles dents.

L'infatigable M. Voillot nous montre dans les légumes de saison, des poireaux monstrueux, des tomates, des aubergines, des salades diverses, des choux-fleurs et toute une série de radis blancs, noirs, rouges, roses, toute la lyre !

L'EXPOSITION DES VINS

L'exposition vinicole, remarquable par le nombre des exposants et la variété des produits exposés, a marqué, à la grande satisfaction du jury, un progrès réel dans l'art de la vinification et dans les soins apportés à la fabrication du vin. Nous trouvons avec plaisir en tête du Palmarès le nom si sympathique du chevalier de Cessole pour son vin de Bellet qui est le crû le plus réputé du littoral et qui peut, sans prétention, être comparé aux meilleurs crûs de Bourgogne. Celui de M. Pélissier, de Mouans-Sartoux ; de M. Dulla, de Saint-Laurent-du-Var; Pin frères, Cauvin, Maillan, de Mouans-Sartoux ; du Dʳ J. Féraud, de Châteauneuf, et autres.

LES PRODUITS DIVERS

Malgré la pénurie de la récolte oléicole du département, les quelques exposants qui ont soumis leurs produits à l'appréciation du jury ont prouvé une fois de plus la qualité très supérieure des huiles de la région niçoise, de réputation universelle, réputation que nos cultivateurs sauront toujours soutenir.

L'exposition d'apiculture qui n'a réuni que deux exposants est très remarquable. On y trouve tous les spécimens de l'apiculture mobiliste représentés avec honneur, et les produits mellifères exposés sont un heureux présage pour ce que peut donner comme qualité de miel une région aussi favorable pour le butinage des abeilles.

LES INSTRUMENTS

Nous n'aurions garde d'oublier enfin les arts et les industries horticoles, et nous nous faisons un plaisir de signaler les belles poteries de M. Lechenet, les appareils de MM. Drevet, les serres de M. Allo, déjà cité, les instruments de jardinage de MM. Pin, Fauchère et Magno, et enfin les admirables plans de jardins de MM. Deny et Marcel qui exposaient hors concours.

On nous pardonnera d'avoir aussi longtemps retenu l'attention, mais il était nécessaire d'insister plus particulièrement sur la partie horticole qui augmente d'importance à chaque exposition.

Je termine. Non seulement l'opinion générale du jury est unanime à trouver cette exposition réussie, mais la plupart des jurés qui ont eu l'heureuse chance de revenir parmi nous ont été étonnés du progrès accompli depuis trois ans. Un des plus autorisés parmi eux nous disait : « Les horticulteurs de la côte marchent à pas de géants, dans le progrès ». C'est le plus bel éloge que l'on puisse faire car il résume d'une façon parfaite la situation actuelle de la Société d'horticulture de Nice qui est désormais en droit d'ajouter un grand succès à ses succès habituels.

Paul GRANGER,
Botaniste de la marine à Toulon (VAR).

On procède ensuite à la Distribution des Récompenses aux lauréats de ce jour.

LISTE DES RÉCOMPENSES

décernées aux Lauréats

de l'Exposition Florale et du Concours Agricole et Horticole
des 31 mars, 1ᵉʳ, 2 et 3 avril 1898

PALMARÈS

PREMIER PRIX D'HONNEUR

avec objet d'art de M. le Président de la République

M. Antoine LAMBERT, pour lot d'ensemble

DEUXIÈME PRIX D'HONNEUR

Grande médaille de vermeil, offerte par M. le Ministre
de l'Agriculture, et médaille d'or
offerte par M. Borriglione, Sénateur des Alpes-Maritimes

M. BOUTEILLY, pour lot d'ensemble

TROISIÈME PRIX D'HONNEUR

Grande médaille d'argent, offerte par M. le Ministre
de l'Agriculture
et médaille d'or, offerte par la Chambre de Commerce de Nice

MM. VILMORIN - ANDRIEUX et Cⁱᵉ

QUATRIÈME PRIX D'HONNEUR

Médaille d'or, offerte par Son Altesse Sérénissime le Prince
de Monaco

M. Antoine BONFILS

CINQUIÈME PRIX D'HONNEUR

Médaille de vermeil, offerte par M. le Préfet
des Alpes-Maritimes

MM. BESSON frères

Fleurs ouvrées

Médaille d'or, offerte par M. Teissier : M. Almondo.
Mention honorable : M. Massa.

Fleurs coupées

Grande médaille d'or offerte par le Cercle de la Méditerranée : M. Carriat.

Hors concours, avec félicitations unanimes du Jury :
M. Antoine Mari.

Grande médaille de vermeil : M. Carriat, pour ses
œillets de grande culture.

Médaille de vermeil, offerte par M. Antoine Vial, avec
félicitations du Jury : M. Guillaud.

Hors concours, médaille de vermeil, offerte par M. V.
de Cessole, avec félicitations du Jury : M. Elysée Perrin.

Grande médaille d'or, offerte par M. Honoré Sauvan,
Maire de la Ville de Nice : M. Octave Gimello, pour ses
œillets de semis.

Grande médaille d'argent : M. Ferrara.

Hors concours, avec félicitations du Jury : MM. Antoine
Curti et fils.

Grande médaille d'argent : M. Brun Fleur-des-pois,
pour ses anémones.

Médaille d'argent, offerte par la Société d'Agriculture de Grasse : M. Brunel, pour ses renoncules.

Médaille de bronze, offerte par la Société d'Agriculture de Grasse : M. Dughéra, pour ses anémones.

Plantes et Arbustes fleuris en pots

Grande médaille d'or : M. Antoine Lambert, pour ses rosiers.

Grande médaille de vermeil : M. Antoine Bonfils, pour ses rosiers.

Médaille de vermeil, offerte par M. Albert Vérany : M. Étienne Carlès, pour ses œillets élevés en pots.

Hors concours, diplôme d'honneur avec médaille de vermeil : École d'Agriculture d'Antibes.

Grande médaille d'or : M. Bouteilly, pour ses orchidées.

Grande médaille d'or : M. Bouteilly, pour ses azalées.

Médaille de vermeil : M. Antoine Lambert, pour ses azalées.

Grande médaille d'or ; MM. Vilmorin-Andrieux et Cie, pour leur lot de plantes variées.

Médaille d'or : M. Antoine Lambert, pour ses clivias.

Grande médaille de vermeil, offerte par M. Hippolyte Hancy : M. Louis Orrechia, pour ses jacinthes.

Grande médaille de vermeil, prix ex-æquo : M. Antoine Lambert.

Médaille de vermeil : MM. Vilmorin-Andrieux et Cie, pour leur lot de Salvia.

Grande médaille d'argent : M. Goiran, pour ses renoncules.

Grande médaille d'argent, prix ex-æquo : MM. Vilmorin-Andrieux et Cie, pour leur lot de résédas.

Médaille d'argent, offerte par M. d'Auzac : M. Jean Boutau, pour ses jacinthes.

Médaille d'argent, prix ex-æquo : M. Bouteilly, pour ses clivias.

Grande médaille d'or : MM. Vilmorin-Andrieux et Cⁱᵉ, pour leurs cinéraires.

Grande médaille d'or, prix ex-æquo : M. Antoine Bonfils, pour ses cinéraires.

Médaille d'argent : M. Jean Boutan, pour ses cinéraires.

Médaille de bronze : M. Antoine Bonfils, pour son lot de mimulus.

Médaille de vermeil : M. Louis Orrechia, pour ses cyclamens.

Médaille de vermeil, prix ex-æquo : M. Étienne Carlès, pour ses cyclamens.

Mention honorable : M. Jean Boutan.

Médaille de vermeil : M. Antoine Lambert, pour ses cannas.

Médaille d'argent : M. Antoine Bonfils, pour ses cannas.

Hors concours, avec félicitations du Jury : M. Constantin Seyfarth.

Plantes à feuillage ornemental

Médaille d'or, avec félicitations du Jury : M. Bouteilly, pour ses crotons.

Médaille de vermeil : M. Antoine Lambert.

Médaille d'or, avec félicitations du Jury : M. Antoine Lambert, pour ses plantes de serre froide et d'orangerie.

Médaille d'argent : M. Honoré Curcau, pour ses plantes de serre froide et d'orangerie.

Médaille d'or, avec félicitations du Jury : MM. Besson frères, pour leurs palmiers de pleine terre.

Médaille de bronze : M. Antoine Bonfils, pour ses palmiers de pleine terre.

Mention spéciale et médaille d'argent : M. Antoine

Lambert, pour le greffage de ses acacias sur acacias rétinoïdes.

Médaille de vermeil, offerte par M. Louis Coumes : M. Musso, pour ses plantes grasses.

Médaille de bronze : M. André Bensa.

Culture maraîchère — Arboriculture fruitière

Médaille de vermeil : MM. Besson frères, pour leur collection d'orangers.

Médaille d'argent : M. Honoré Curcau, pour sa collection d'orangers.

Médaille de bronze : M. Granier, pépiniériste.

Grande médaille de vermeil : M. Harmant-Lamouche.

Médaille de vermeil, offerte par M. le Docteur Jules Férand : M. Nigon, pour ses fraises.

Grande médaille d'or : MM. Vilmorin-Andrieux et Cie, pour leur lot de légumes frais et primeurs.

Médaille de vermeil, offerte par M. le Docteur Farina : M. Anfosso Michel, pour ses légumes.

Médaille de vermeil, offerte par M. Vermorel : Syndicat de Cabbé, pour sa collection de citrons.

Médaille d'argent : M. Marius Malausséna, pour ses légumes.

Médaille d'argent : M. Charles Hébert, pour ses artichauts.

Médaille de bronze : M. Maraïni, pour ses asperges.

Médaille de bronze : M. Rondelli, pour ses légumes.

Mention honorable : M. Granier.

PRODUITS DIVERS

Vins

Médaille d'or, offerte par le Comité des fêtes : M. Victor de Cessole.

Grande médaille de vermeil : M. Pelissier.

Médaille de vermeil, offerte par M. Pierre Isnard : M. Lucien Dulla.

Médaille de vermeil : MM. Pin frères.

Grandes médailles d'argent : MM. Antoine Cauvin fils et Jacques Maillan.

Médailles d'argent : MM. Randon, Pierre Briquet, Massièra et docteur Jules Féraud.

Médailles de bronze : MM. Gray, Auguste Lambert, Auguste Bérenger, Joachim Cuges, Coll'Habert, Louis-Victor Carlès.

Mentions honorables : MM. Emile Rostan, Auguste Maurel, Ludovic Crouzet, Mauran, Mayer, Joseph Baudoin, Gioffredo, Thimoléon Magnan, Syndicat de Berre.

Eaux-de-Vie

Grande médaille d'argent : M. Pélissier.

Médailles d'argent : MM. Gray et Polyeucte Pastoret.

Médailles de bronze : MM. Joseph Vial, Joseph Bérenger, Antoine Dalbéra.

Mentions honorables : M. Agnély et Mme Ameline.

Huiles d'Olive

Médaille de vermeil : M. Joseph Vial.

Grande médaille d'argent : Syndicat agricole de Berre.

Médaille d'argent : Syndicat Agricole de Cabbé-Roquebrune et MM. Pin frères.

Médaille d'argent, offerte par M. Benoît Mayrargues : M. Toselli.

- Médailles d'argent : MM. Antoine Cauvin fils et Edouard Audoly.

Médailles de bronze : MM. Gioffredo, Ginésy, Marcellin Augier, Camoin, Guigues, Gazagnaire et Malausséna.

Mentions honorables : MM. Jacques Maillan et Joseph Baudoin.

Beurre et Fromages

Grande médaille d'argent : Mme Pichon.

Apiculture

Médailles d'argent : MM. Barriéra et Baldensperger.

Aviculture

Grande médaille d'argent : M. Péracino.

Arts et industries horticoles

PLANS DE PARCS ET DE JARDINS

Hors concours, avec félicitations unanimes du Jury MM. Deny et Marcel.

ŒUVRES D'ART POUR L'ORNEMENT DES JARDINS

Grandes médailles d'argent : MM. Lechenet et Massier-Gazan.

Médaille d'argent : M. Cotta.

Serres et Appareils

Médaille d'or, offerte par M. Robaudy : M. Drevet.

Médaille d'or, offerte par M. Raiberti, Député des Alpes-Maritimes : M. Allo Louis.

Médaille de vermeil : M. Mathian.

Instruments de jardinage et outillage

Médaille d'or, offerte par Mme Schmitd : MM. Pin frères.

Médaille d'argent : M. Louis Faucherre.

Médailles de bronze : MM. Magno, Capeaux et Mollard,

Expositions Collectives

Grande médaille d'argent : Syndicat et Comice agricoles de Cagnes.

Médailles d'argent : Syndicat de Cabbé-Roquebrune, Société des Amis des Arbres des Alpes-Maritimes ; médailles de bronze : Syndicat de Berre, Syndicat de Gilette et Syndicat de l'Escarène.

HORS CONCOURS

Ville de Nice

Décoration florale et lots variés

Diplôme d'honneur, avec félicitations unanimes du Jury : M. François Lambert, directeur des pépinières de la Ville, pour l'ornementation artistique des jardins.

Médaille d'or, avec félicitations unanimes du Jury : M. Garach, chef des cultures des pépinières de la Ville.

Jardins de Monte-Carlo

Objet d'art, avec félicitations unanimes du Jury : M. Van den Daële, chef des cultures florales de la Société des Bains de Mer de Monaco, pour l'ensemble de son Exposition.

COLLABORATEURS

Médailles d'argent : MM. Polino Martin, chef de cultures à l'établissement Elysée Perrin ; Isnard Honoré, chef de cultures, à l'établissement Bonfils ; Natareù, chef de cultures à l'établissement Antoine Mari, Parc aux roses ; Ramoin Benoît, chef de cultures chez M. Commes, à Brancolar ; Bouteilly jeune, chef de cultures à l'établissement Bouteilly.

LE BANQUET

Dans la salle des éventails, à la Jetée-Promenade, un grand banquet réunissait à 7 heures du soir les membres de la Société centrale d'agriculture, d'horticulture et d'acclimatation de Nice et des Alpes-Maritimes, les lauréats de l'Exposition, les représentants de la presse de Nice et plusieurs autres invités, au nombre desquels les principales notabilités de notre ville.

Les tables dressées avec le luxe somptueux particulier à M. Pomel, réjouissaient l'œil par l'éclat des cristaux et de l'argenterie disposés avec art sur des nappes étincelantes de blancheur. La décoration florale de la table d'honneur avait été confiée à M. Elysée Perrin, horticulteur, chevalier du mérite agricole, qui s'était véritablement surpassé par ses groupes d'œillets montés sur des bambous rustiques. Ont pris place à la table d'honneur : MM. Risso, président de la Société ayant à sa droite M. Salvi, premier adjoint, représentant M. le Maire de Nice, et à sa gauche M. Granger, secrétaire-rapporteur du Jury.

Le dîner admirablement servi comportait un menu spécial et excellent auquel on a fait grand honneur.

Nous avons remarqué parmi les convives : MM. Raiberti, député ; Conduzorgues-Lairolle, conseiller général ; Gambart, consul d'Espagne ; Poitou, conseiller général de la Gironde ; divers membres du Jury, entr'autres : MM. Martichon, Bellanjon, Deny, etc., etc. ; MM. Mari et Edmond Chiris, vice-présidents de la Société d'agriculture de Nice ; Paul Martin, ingénieur, commissaire général de l'Exposition florale ; Dr Emile Sauvaigo, secrétaire général de la Société d'agriculture de Nice ; Victor de Cessole, trésorier de la Société d'agriculture de Nice ; Haney, conseiller général ; Boyé, Tourtel, Antoine Lambert, membres

du Conseil d'administration de la Société d'agriculture
de Nice ; comte de Cessole ; Biasini ; comte Eugène
Garin de Cocconato ; Van den Daële, jardinier en chef
des jardins de Monaco ; François Lambert, directeur
des pépinières de la ville ; Joseph Durandy, ingénieur,
directeur de la Société anonyme du gaz de Nice ; Cou-
sinéry ; Paul Bounin ; Louis Martiny, président du
Syndicat et Comice agricole de Cagnes ; Eugène Bau-
douin, président du Syndicat de Gilette ; Dr Jules
Féraud ; Belle, professeur départemental d'agriculture ; Grec, professeur à l'Ecole d'agriculture pratique
d'Antibes, etc., etc.

Au dessert, M. Risso, président de la Société se
lève et prononce le discours suivant, après avoir présenté les excuses de M. Borriglione, sénateur, empêché d'assister au banquet.

Messieurs,

Il y a trois ans presque jour par jour, nous nous réu-
nissions dans cette même salle, à la suite d'une grande
exposition qui constituait le premier acte public par
lequel notre Société d'agriculture avait publiquement
affirmé son existence, après sa reconnaissance d'utilité
publique.

Cette manifestation agricole et horticole obtint le succès le plus éclatant et le plus mérité et il semblait alors
qu'il n'eût pas été possible à l'avenir d'en dépasser la
splendeur.

Trois années se sont écoulées, trois années de recueil-
lement, de travail et d'étude, et l'exposition de 1898
a surgi. La faveur marquée qu'elle a rencontrée auprès
des visiteurs et les résultats solennellement prononcés
aujourd'hui par MM. les membres du jury me font un
devoir de proclamer que cette exposition non seulement
ne le cède en rien à sa devancière, tant par le nombre
que par la beauté et la richesse des apports, mais qu'elle

l'a même surpassée. Si le temps a semblé au début vouloir contrarier les organisateurs et les exposants, le but scientifique n'en a pas moins été atteint et c'est là l'essentiel.

Nos horticulteurs, comme toujours du reste, ont occupé une place importante. Que dire de leurs apports qui ne soit au-dessous de la réalité ? Et comment dépeindre cette série de plantes et de fleurs aux tons variés et toutes aussi gracieuses les unes que les autres ? Seules la palette d'un artiste ou la muse d'un poète pourraient l'essayer.

Honneur donc à nos horticulteurs ; à eux revient le plus grand mérite du succès de notre exposition.

Nous avons vu pour la première fois figurer à notre concours des collectivités ; plusieurs syndicats ont en effet exposé les produits de leurs adhérents.

Ces associations si utiles en agriculture tendent à se développer très sagement et nous avons le ferme espoir qu'unies à notre Société elles pourront rendre des services signalés à nos populations agricoles. N'oublions pas que l'union fait la force et que plus que jamais les agriculteurs ont besoin de s'unir pour s'aider mutuellement et se défendre.

J'adresse nos félicitations aux présidents de ces Syndicats ; parmi eux, je suis heureux de voir figurer des collègues qui ont toute notre estime et notre sympathie et je ne doute pas que, grâce à leur autorité et à leur zèle, ils ne donnent à leurs associations une vigoureuse impulsion dans la voie du progrès.

Cette fête des fleurs nous a valu de bien précieux témoignages de sympathie.

Nous devons des remerciements aux autorités civiles et militaires du département qui ont bien voulu honorer de leur présence notre concours.

J'aurais été heureux de pouvoir, au milieu de vous, exprimer à M. le Préfet nos sentiments de sincère reconnaissance pour les preuves nombreuses d'encouragement qu'il nous a prodiguées depuis son arrivée à Nice. Des obligations inhérentes à la haute charge qu'il occupe l'ont empêché d'assister à ce banquet, et aujourd'hui encore il me disait combien il regrettait de ne pouvoir se trouver ce soir avec nous. Adressons-lui l'hommage de notre respectueux souvenir et nos remerciements.

Monsieur le Maire de notre chère ville de Nice a, de son côté, considérablement facilité notre tâche. Non seulement il a mis à notre disposition le local où notre concours a été installé, mais encore il nous a fait accorder par le Conseil municipal une généreuse subvention, puis le matériel du Comité des fêtes et le concours le plus large des pépinières de la Ville.

La courtoisie et l'empressement avec lequels il a adhéré à nos demandes, nous prouvent le vif intérêt qu'il porte à notre œuvre et nous démontrent qu'il apprécie les efforts que nous faisons pour contribuer à la prospérité de notre chère cité, en offrant à la colonie étrangère une des fêtes les plus attrayantes de la saison.

Je prie M. l'adjoint Salvi, que M. le Maire a délégué pour le représenter et que je suis très heureux de voir parmi nous, de vouloir bien être auprès de lui l'interprète de nos sentiments de reconnaissance.

Il convient, à la suite de ces justes hommages, d'adresser l'expression de notre plus sincère reconnaissance à la Société des Bains de Mer de Monaco, qui a bien voulu organiser à notre intention cette superbe exposition florale qui a fait l'admiration de tous nos visiteurs. M. Van den Daele, l'éminent chef jardinier de Monte-Carlo, qui a présidé à cette organisation, voudra bien recevoir aussi toutes nos félicitations.

Je renouvelle nos remerciements à M. le président et à MM. les membres du jury de notre exposition qui n'ont pas craint d'abandonner leurs occupations professionnelles et dont plusieurs ont dû supporter les fatigues d'un long voyage pour venir nous prêter leur haut concours et nous aider de leurs lumières dans l'œuvre entreprise.

Je dois aussi des remerciements aux dévoués organisateurs de l'exposition et en particulier au commissaire général, M. Paul Martin. qui s'est constamment prodigué pour la réussite du concours : aux généreux donateurs de médailles et à ceux qui ont bien voulu nous offrir des lots pour notre tombola ; à MM. les commissaires, aux dames patronnesses qui ont gracieusement répondu à notre invitation ; à la presse, dont le concours efficace nous est assuré toutes les fois que nous le sollicitons.

Enfin, messieurs, à tous ceux qui, directement ou indirectement, ont participé à nos travaux et contribué au succès de notre exposition.

L'agriculteur, vous le savez, Messieurs, aime passionnément le sol qui l'a vu naître, la terre qu'il cultive et qui en échange de son travail lui donne le pain pour subvenir à ses besoins ; la terre, c'est la base, le fondement, la partie tangible de la patrie ; on ne peut donc l'oublier dans une fête de l'agriculture ; aussi ma principale pensée sera pour elle.

Je lève donc mon verre en l'honneur de la France, notre patrie bien-aimée,

Je bois à la prospérité de notre chère ville de Nice.

A M. le Maire de notre cité,

A Messieurs les membres du jury de notre exposition.

Et à vous tous, Messieurs.

Les paroles prononcées par le sympathique Président de la Société d'Agriculture de Nice ont été fréquemment applaudies ; mais entre toutes les manifestations de sympathie qui ont entrecoupé ce discours, il convient de mentionner l'ovation faite sur le nom de M. Paul Martin, Commissaire-général du Concours, qui s'est véritablement multiplié et a su disposer l'emplacement de l'Exposition avec une science réelle, donnant ainsi satisfaction non seulement aux Exposants, mais encore au public.

Après M. Risso, M. Salvi, premier adjoint, s'exprime ainsi :

Messieurs,

Permettez-moi de me réjouir de la bonne fortune qui m'est échue d'être délégué par M. le Maire de Nice pour représenter à ce banquet l'administration municipale. Rien en effet ne saurait m'être plus agréable que de constater le grand succès de votre Exposition florale et d'en féliciter notre Société d'horticulture et son dévoué président.

Tous les principaux horticulteurs du littoral, et en particulier l'administration des jardins de la Société des Bains de Mer de Monaco, ont répondu à votre appel, et c'est ainsi que dans notre ville, si spirituellement appelée le salon de la France, nous avons pu admirer une exposition incomparable qui servira sûrement de modèle à toutes les expositions futures.

Je joins nos félicitations à celles de notre président à l'adresse de tous les exposants et de tous ceux qui ont obtenu des récompenses. Je vous demande la permission de féliciter tout spécialement M. Lambert, auquel la Ville a confié la direction de ses jardins. Nous avons estimé que la Ville devait contribuer pour sa part au développement de l'industrie florale en mettant constamment dans ses jardins, sous les yeux de nos hivernants, les spécimens de nos produits. Nous sommes heureux de constater que nous avons trouvé en M. Lambert un collaborateur intelligent et dévoué.

Vous avez bien voulu, mon cher président, rappeler ce que l'administration municipale a fait pour votre Société et pour votre exposition. Je vous remercie de votre souvenir, mais laissez-moi vous dire que nous n'avons fait que notre devoir. Nous sommes de ceux qui pensons que l'administration doit aider dans la plus large mesure tous ceux qui s'attachent à conserver à notre ville sa suprématie incontestée.

Nice a besoin du concours dévoué de tous ses enfants pour marcher résolument dans la voie du progrès ; aussi c'est sur cet admirable terrain de ses intérêts que je les convie ; et là, oubliant les divisions et les rancunes, nous pourrons travailler ensemble au développement de notre chère ville.

Cette union est indispensable. C'est ainsi que grâce au concours collectif de nos représentants au Sénat et à la Chambre des députés vous avez pu obtenir des avantages pour le transport des fleurs coupées en grande vitesse. Je souhaite que grâce à ce même concours vous obteniez satisfaction à toutes vos légitimes revendications.

Messieurs, je bois à la Société d'horticulture, à son président, aux exposants, à la ville de Nice.

L'accueil le plus flatteur est fait aux paroles que vient de prononcer M. SALVI.

Le Président donne ensuite la parole à M. GRANGER, Secrétaire-général du Jury :

Messieurs,

En l'absence de M. le Président du jury, j'ai pour devoir de remercier la Société d'Agriculture des Alpes-Maritimes de l'accueil si bienveillant et si sympathique qui a été fait à nos collègues. Ils en remporteront certainement le meilleur souvenir.

Laissez-moi vous dire aussi, Messieurs, en leur nom, combien ils ont été ravis par l'ensemble de cette merveilleuse exposition florale et horticole, qui apparaissait à tous les yeux comme une manifestation vivante des bénédictions de ce climat privilégié.

Je bois à vous tous, Messieurs les horticulteurs, qui

avez contribué à l'éclat de cette fête, et j'adresse à la Société d'agriculture, d'horticulture et d'acclimatation des Alpes-Maritimes, mes meilleurs souhaits de prospérité, en émettant le vœu que l'année prochaine nous retrouve tous réunis pour fêter un aussi éclatant succès.

M. RAIBERTI, député, se lève et fait, en ces termes, l'éloge de l'horticulture niçoise :

Discours de M. RAIBERTI

Permettez-moi à mon tour d'exprimer ma reconnaissance et d'adresser mes félicitations aux organisateurs de la magnifique exposition dont nous avons aujourd'hui couronné les lauréats.

Elle a su grouper dans un cadre réduit et saisissant les trésors de cette serre chaude qui s'appelle la Côte d'Azur.

A côté des salons qui font la grâce et l'ornement de ce littoral, elle en a ouvert un autre où, pendant trois jours, nous avons pu circuler au milieu de l'enchantement des parfums et de la féerie des couleurs.

De votre exposition, je ne dirai qu'une chose et c'est, je crois, le plus bel éloge qu'on en puisse faire : dans ce pays de clarté, où on ne peut rien faire sans la lumière, elle a pu se passer de soleil !

J'en ai emporté, comme enfant de ce pays, un sentiment de légitime fierté et cette émotion religieuse qui accompagne toujours les visions de beauté. En la quittant je pensais, malgré moi, à ces villes de la Renaissance qui ont d'admirables écoles d'artistes et je me disais qu'ici, comme ailleurs, le soleil, père de tous les arts, a fait jaillir de ce sol, en le touchant de sa blonde lumière, un art qui compose, non pas avec de la pierre inerte ou de la toile inanimée, mais avec la nature elle-même, de la vie et de la beauté.

Et ne sont-ce pas des artistes, comme ces grands ouvriers d'art de la Renaissance, dont ce siècle qui finit et
l'autre qui commence semblent avoir retrouvé les tradi-
tions et les secrets : peintres, statuaires, orfèvres, ciseleurs,
qui ont ouvré et qui ouvrent encore la toile, le métal et
la pierre pour l'éternité ; ne sont-ils pas comme eux des
artistes, ces maîtres jardiniers, ces maîtres de la culture
florale, qui ont, de leurs doigts savants, modelé de la vie,
dessiné, découpé, colorié les soies, les satins, les velours
animés de leurs fleurs ?

Oui, ce sont d'admirables décorateurs, que ces artistes
qui ont jeté sur la terre nue le manteau diapré de leurs
parterres, comme M. François Lambert, et lui ont donné
une âme lumineuse, égale en harmonie et en beauté à
celle que la fresque du peintre peut donner à la pierre
du mur : ici, la superbe mélancolie des blancs et des vio-
lets avec les cinéraires de M. Vilmorin ou de M. Boutau ;
là bas, la touchante modestie des bleus avec les anémones
de M. Goiran ou l'exquise délicatesse des roses avec les
rosiers de M. Bonfils ; plus loin, l'éclatante fanfare des
rouges avec les azalées de M. Bouteilly ; plus loin encore,
les chromes triomphants des clivias et des cannas de
M. Antoine Lambert.

Oui, ce sont d'admirables coloristes et en même temps
d'admirables orfèvres que ceux qui ont produit ou exposé
ces fleurs coupées, plus ornées que des châsses, plus odo-
rantes que des cassolettes, en qui se fond toute la gamme
des essences et tout le prisme des couleurs, comme les roses de M. Antoine Mari, comme les œillets de MM. Carriat, Curti, Gimello ou Elysée Perrin, l'œillet de Nice,
roi des parterres, prince des fleurs, avec lequel essaierait
vainement de lutter l'œillet d'Espagne, et ces coupes,
vivants filigranes d'argent, qui sont les trente variétés
végétales obtenues par le chef jardinier Van den Daele.

Messieurs, de l'avis de tous, Nice était déjà une ville
incomparable. Elle avait pour elle le diadème que lui met

au front son soleil, dans les belles journées d'hiver, et les diamants dont sèment ses cheveux les nuits étoilées de constellations. Elle avait pour elle la robe d'azur que lui tisse son ciel, et la pourpre de ses couchants et la ceinture de ses montagnes qu'arrête son rivage, comme un fermoir d'argent, et le bleu miroir de ses flots pour y mirer la splendeur de ses étés et le sourire de ses hivers doux comme des printemps.

Il lui manquait pourtant quelque chose. Elle n'avait pas une de ses industries qui font les villes souveraines. Paris avait ses artistes de luxe ; Roubaix avait ses toiles ; Lyon avait ses soies. Nice n'avait rien. Désormais, elle aura ses fleurs.

Vous lui avez donné une industrie, Messieurs ; mais, pour qu'elle fût digne d'elle, vous n'avez point voulu qu'elle eût besoin de ces usines qui vomissent jour et nuit, par leurs cheminées, des torrents de suie et des flots de fumée ; ni de ces manufactures dont les murs trop étroits emprisonnent une population ouvrière, privée d'espace et d'air, courbée sur un travail déprimant ou malsain.

Non, messieurs, le plafond de vos usines, c'est le ciel ; leur lampe ou leur moteur, c'est le soleil ; le ventilateur qui les aère, c'est le mistral de Provence, ou la tramontane qui souffle des Alpes, ou le vent du Sud-Est, qui souffle de la mer ; l'atelier où l'on travaille, c'est le champ voisin de la ville, avec l'enclos d'une haie vive d'églantines ; et le travail qu'on y fait, c'est le travail de la terre, qui fait les corps vigoureux, les âmes droites et les faces sereines ; ce travail agricole qui conservera à cette ville, une population saine et forte, faite de générations successives et de paysans et d'agriculteurs dont elle fera avec orgueil présent à la mère-patrie.

Voilà pourquoi, messieurs, nous vous devons une double reconnaissance. En faisant œuvre d'art, vous n'avez pas fait seulement œuvre de richesse et d'industrie ;

vous avez fait œuvre d'éducation, de santé, vous avez fait l'œuvre patriotique et sociale entre toutes et, en travaillant pour l'honneur et la richesse de cette ville, vous avez travaillé pour la patrie.

M. Louis MARTINY, Président du Syndicat agricole de Cagnes, achève la série des toasts en parlant au nom des Syndicats agricoles :

Dans son éloquent discours, M. le Président a bien voulu dire la part modeste, toute petite d'ailleurs, que les syndicats agricoles du département ont prise à la magnifique exposition que nous avons tous admirée.

Au nom de ces syndicats, permettez-moi, M. le Président, de vous remercier, de remercier la Société d'Agriculture de nous avoir réservé un pavillon dans lequel nous avons pu nous réunir.

Je suis heureux de vous dire que les récompenses que nous avons obtenues, nous sont un précieux encouragement pour l'avenir. J'ai le plaisir, au nom de ces syndicats, de lever mon verre en l'honneur de la Société d'Agriculture de notre cher département.

Sur ces derniers mots que les assistants soulignent de sympathiques applaudissements le banquet se termine et les convives se répandent dans les salles avoisinantes, où la soirée se prolonge jusqu'à une heure assez avancée.

Cette belle réunion a dignement clôturé la grande Exposition florale de 1898 qui marquera sa place dans les annales de l'agriculture niçoise.

Pour compléter le compte-rendu de la manifestation florale de 1898 qui restera dans nos archives comme une page glorieuse de nos succès, nous insérons ci-après les rapports publiés par M. Edouard André, Rédacteur en chef de la *Revue Horticole*, de Paris, président-général du jury ; de M. Henry Sagnier, Rédacteur en chef du *Journal de l'Agriculture*, président de section ; de M. François Gos, directeur de la *Petite Revue* agricole et horticole.

Ces rapports élogieux nous rappelleront lorsque nous ouvrirons ce recueil, que la Société centrale d'Agriculture et d'Horticulture de Nice a pour devise : *Toujours mieux !*

RAPPORT DE M. ÉDOUARD ANDRÉ

EXPOSITION HORTICOLE DE NICE

Le 31 mars dernier, Nice, la ville des fleurs, était en fête. La Société d'agriculture, d'horticulture et d'acclimatation des Alpes-Maritimes ouvrait son Exposition sur le square Masséna, derrière le Casino.

Grâce à la température exceptionnellement douce de l'hiver dernier, les fleurs ont été abondantes et l'ensemble de l'Exposition brillait d'un vif éclat. Nous n'avons jamais vu de plus belle fête florale à Nice. L'organisation en était parfaite, et il faut en louer le Comité d'organisation, placé sous la direction d'un président dévoué, naturaliste distingué, M. Risso, dont le nom est synonyme de fervent adepte de la science des plantes. Risso, collaborateur de Poiteau dans l'*Histoire naturelle des Orangers* et auteur de la *Flore de Nice*, était son grand oncle.

Le jury, divisé en trois sections, m'a fait l'honneur de me nommer son président général. Les deux vice-présidents étaient : M. Demôle, président de la Société d'horticulture de Cannes, et M. Sagnier, directeur du *Journal de l'agriculture*. Le secrétaire général était M. Granger, botaniste de la Marine à Toulon. La journée entière du 31 mars a suffi à peine au jugement des divers lots exposés ; on peut juger ainsi de l'importance de l'Exposition.

Nous n'en examinerons ici que la partie horticole.

Disposées sur les pelouses du jardin public ou sous des tentes installées d'après les plans de M. Paul Martin, ingénieur à Nice, les plantes produisaient des effets brillants et harmonieux à la fois. Nous n'avons à critiquer que le manque de lumière causé par des toiles trop épaisses et qui empêchèrent de mettre en valeur les Orchidées et les Crotons de M. Bouteilly.

La maison Vilmorin-Andrieux et Cie a triomphé, comme toujours. Rien de mieux « arrivé » que ses splendides collections de Cinéraires, de plantes annuelles fleuries à ravir, de Salvias, de Résédas, etc., venues de ses cultures d'Empel, à Antibes, et dénotant la perfection coutumière de cette célèbre maison.

Parmi les plantes de serre chaude, M. Bouteilly, horticulteur à Nice, se révélait comme habile cultivateur et l'un des prix d'honneur a été sa juste récompense. Une collection d'Orchidées admirablement fleuries, parmi lesquelles on remarquait de grosses potées d'*Odontoglossum roseum*, de *Miltonia cuneata*, de *Cattleya labiata*, d'*Odontoglossum crispum* de bonne marque, méritait un éloge spécial. D'un côté, des Azalées de belle forme et de floraison parfaite ; de l'autre, une remarquable collection de Crotons parmi lesquels beaucoup de nouveautés, appuyaient ce beau lot, sans oublier une collection de Fougères, des Aroïdées, des Palmiers et plantes bulbeuses variées. L'exposition de M. Bouteilly a fait grand plaisir à tous les visiteurs.

Il en est de même des Rosiers et des Œillets. Le

très habile cultivateur niçois, M. Antoine Mari, un des organisateurs de l'Exposition, avait voulu rester cette fois hors concours et déposer sa carte. Mais quelle carte ! D'énormes Roses *Captain Christy, Paul Neyron, Madame Gabriel Luizet*, etc., artistement disposés, montraient ce que le maître eût pu faire s'il eût voulu vider son « parc aux Roses ».

Egalement fort belles et bien présentées en grosses gerbes, les Roses de M. Elysée Perrin, à côté de ses superbes OEillets et de ceux de M. Gimello, de M. Curti et de M. Carles. Les progrès de la culture et l'abondance des nouveautés de semis dans les OEillets d'hiver sont absolument extraordinaires à Nice.

L'Exposition spéciale des serres de Monte-Carlo, placées sous la direction de M. Van den Daële, était digne d'admiration par sa variété et sa belle culture. De forts exemplaires d'espèces les plus variées: Aroïdées, Crotons, Dracénas, Cinéraires, Cyclamens, Calcéolaires, Vanillier en fruits, Fougères, Palmiers, etc., étaient luxuriants de santé. Nous eussions aimé leur voir un étiquetage un peu plus correct. Les beaux hybrides d'*Anthurium Andreanum*, semis commencés par M. Forkel et continués par le jardinier actuel, étaient là représentés, les uns en plantes vivantes, les autres en fleurs coupées, magnifiques de grandeur et de coloris. Nous avons vu également avec plaisir des Digitales en pots (*Digitalis purpurea*) en variétés diverses bien amenées à floraison. C'est une culture qu'on devrait plus souvent essayer.

MM. Besson frères, horticulteurs à Nice, sont à la tête d'une maison dont la réputation est consacrée depuis de longues années. Nous leur savons un gré particulier de se faire les conservateurs et les propagateurs des arbres et des arbustes de plein air pour la région niçoise, et en particulier des Orangers, Citronniers et végétaux du Cap et d'Australie, dont ils exhibaient ici de riches collections.

L'Ecole d'agriculture d'Antibes, sous la direction de M. Farrenc, s'était distinguée par des apports d'Anthémis, OEillets et autres plantes.

Au cours de la promenade, on pouvait encore apprécier les superbes Azalées, Clivias, Cannas, Rosiers, plantes de serre froide de M. A. Lambert; les Jacinthes et Cyclamens de M. Boutau ; les beaux légumes de la maison Vilmorin ; les Rosiers et Palmiers de M. Bonfils ; les fruits forcés et conservés et les produits potagers de M. Harmant-Lamouche ; les fruits de M. Favre ; les Fraisiers de M. Nigon, d'Antibes ; les plantes bulbeuses de M. Orecchia, jardinier du palais de Monaco ; les OEillets et les Roses de M. Carriat, d'Antibes ; les Anémones et Renoncules de M. O. Gimello ; les décorations florales de M. Almondo, de Monte-Carlo, etc.

A cette occasion, nous ne pouvons passer sous silence l'abstention presque générale des fleuristes de Nice. Est-ce indifférence ? Avaient-ils été froissés en se croyant insuffisamment récompensés aux expositions précédentes ? Toujours est-il qu'ils laissaient le public comparer cette indifférence avec l'ardeur des fleuristes cannois, qui conservent jalousement leur réputation d'artistes d'une habileté supérieure et qui seraient venus cueillir les palmes niçoises s'ils avaient voulu se déranger. Il faut espérer un réveil d'amour-propre qui entraînera ultérieurement les fleuristes niçois dans ce tournoi séduisant et qui montrera qu'ils sont dignes d'obtenir la première place.

Les pépinières de la Ville de Nice, destinées à la garniture des jardins publics, sont abondamment pourvues. Le jardinier chef, M. Lambert, et M. Garach, chef de culture, l'ont prouvé en ornant les jardins de l'exposition de corbeilles, plates-bandes, arabesques variées du plus agréable effet, et composées d'OEillets, Pâquerettes, Cyclamens, Primevères, Pyrèthres, Pensées, Myosotis, le tout disposé avec beaucoup d'art et de recherche. Ils ont droit à tous nos compliments.

En somme, bien que contrariée d'abord par un ciel pluvieux qui s'est rasséréné ensuite, l'Exposition de Nice était très jolie et très riche. J'ai eu grand plaisir à constater que l'amour des fleurs était plus ardent et plus vivace que jamais dans cette région bénie du soleil, et que la Société d'agriculture, d'horticulture

et d'acclimatation, avec des hommes dévoués comme
MM. Risso, de Cessole, Lagnel, Mari, docteur Sauvaigo,
Lambert, etc., redoublait d'efforts pour se maintenir à
la hauteur de sa vieille et légitime réputation.

ED. ANDRÉ.

RAPPORT DE M. HENRY SAGNIER

EXPOSITION D'HORTICULTURE A NICE

La grande exposition tenue à Nice par la Société
d'agriculture et d'horticulture des Alpes-Maritimes, du
31 mars au 3 avril, a donné la preuve, par une
démonstration tout à fait remarquable, des grands
progrès réalisés, depuis une dizaine d'années surtout,
par les horticulteurs du littoral, de la côte d'azur,
comme on dit communément. Elle a montré également
que, dans les dernières années, les cultivateurs,
naguère assez rebelles aux transformations, se sont
appliqués, et ont réussi à améliorer et à augmenter la
production dans des proportions importantes. C'est ce
que nous établirons plus loin ; mais il convient de
parler d'abord de l'exposition d'horticulture.

Cette exposition a été organisée dans une des principales promenades de Nice, le square Masséna, qu'elle
couvrait de tentes, de serres et de massifs agencés avec
une habileté et une harmonie qui font le plus grand
honneur à la Société d'agriculture, présidée et dirigée
avec talent par M. A. Risso, qui est lui-même un hor-
ticulteur-amateur de grand mérite.

Dans ce pays sans rival, aujourd'hui semé, presque
sans intermittences, de parcs et de villas d'une richesse
horticole absolument exceptionnelle, il devait arriver
que l'horticulture professionnelle prît un développe-

ment non moins exceptionnel. La clientèle la plus riche et la plus variée du monde devait susciter l'émulation des horticulteurs et les inciter à réaliser des miracles. C'est, en effet, ce qui est arrivé. Depuis vingt-cinq ans surtout, le nombre des horticulteurs a centuplé ; quelques grands établissements, dont la réputation est universelle, ont vu éclore autour d'eux une foule de jardins plus modestes, mais où l'on travaille avec non moins d'énergie et non moins de succès. Bien plus, sur la plus grande partie de la côte, depuis Hyères jusqu'à Menton, presque tous les cultivateurs sont devenus en même temps jardiniers, et ils prennent leur part dans ce colossal commerce de fleurs qui se développe progressivement. On n'estime pas à moins d'un vingtaine de millions la valeur des fleurs expédiées chaque hiver dans toutes les parties de l'Europe ; il convient d'y ajouter la consommation locale par la colonie étrangère, laquelle suffirait, à elle seule, pour assurer la propérité de l'horticulture du pays.

Les horticulteurs niçois — ce terme s'applique à toute la région — méritent d'ailleurs, par leur activité et leur intelligence, le succès qu'ils remportent. Si la nature a beaucoup fait en leur faveur, ils l'ont aidée et ils l'aident chaque jour avec une habileté réelle. La flore exotique n'a plus de secrets pour eux ; ils offrent aux jardins des villas des collections de plus en plus variées de plantes africaines et américaines ; ils ont rendu communs, dans les parcs, les plus beaux arbres des antipodes (1). Mais là ne s'est pas bornée leur activité. Comme les plus belles choses finissent, à la longue, par devenir monotones, et qu'il était nécessaire de tenir toujours en éveil le goût de leurs clients, ils se sont adonnés, avec une adresse soutenue, à créer sans cesse des variétés nouvelles ; c'est à qui, parmi

---

(1) On trouvera des détails sur toutes ces conquêtes dans le livre intéressant de M. le Dr Sauvaigo, secrétaire de la Société d'agriculture de Nice, intitulé : *Les cultures sur le littoral de la Méditerranée* (librairie J.-B. Baillière et fils, à Paris).

eux, arrivera bon premier avec de nouvelles roses, de nouveaux œillets, anémones, narcisses, jonquilles, ixias, etc., comme aussi avec de nouvelles variétés de plantes de serre ou d'arbustes d'ornement. La vogue en est la récompense temporaire ; mais elle dure peu, et il faut travailler sans relâche pour la conserver ou la réveiller.

Ce sont tous ces efforts que les expositions, comme celle de Nice, ont pour but de mettre en lumière. Les visiteurs qui admirent cette gamme infiniment variée des couleurs les plus éclatantes et les plus riches, des formes les plus gracieuses, des parfums les plus suaves, ne voient que les résultats. Il faut visiter les jardins et les serres des horticulteurs pour apprécier l'art et l'habileté de ces véritables créateurs, pour se rendre compte du travail et des soins que ces résultats exigent.

A côté des horticulteurs, on doit compter aussi les amateurs dont quelques-uns ont fait très belle figure à l'exposition. C'est même par eux que nous commencerons cette revue. En effet, s'ils étaient peu nombreux, quelques-uns sont de haute volée. Trois surtout sont à signaler : le prince de Monaco, la Société de Monte-Carlo, la ville de Nice.

Les jardins et les serres de Monte-Carlo renferment les plus belles et les plus riches collections que l'on connaisse. Le jardinier en chef, M. Van den Daële, a réuni ce qu'il avait de plus beau et de plus rare, et il en a garni une vaste serre qui formait la partie capitale de l'exposition. Elle renfermait notamment des collections magnifiques de crotons et de dracœnas, de cinéraires, de calcéolaires et de cyclamens, de digitales, de broméliacées variées, de caladiums, etc., et surtout une série d'une vingtaine de variétés nouvelles, très curieuses, obtenues de semis ou d'hybridation de l'*Anthurium andreanum*. — Mises à contribution de la même manière, les serres du château de Monaco montrent également de très intéressantes et très riches collections de cyclamens, de narcisses, de jacinthes, d'ixias, etc. — Quant aux pépinières de la

ville de Nice, elles ont garni l'exposition de corbeilles
et de massifs d'œillets (70 variétés environ), de renoncules, de cinéraires, de cyclamens, de pensées, de
pâquerettes, etc., qui ravissent l'œil le plus difficile.
L'heureux agencement des variétés donnait à ces
plates-bandes une vivacité et un éclat multipliés encore
par le jeu des rayons du soleil quand il consentait à se
montrer, car il a boudé pendant toute la première
partie de l'exposition.

Cinq grands prix d'honneur ont été attribués ; ils
ont été chaudement disputés. Le lauréat qui a remporté l'objet d'art offert par le Président de la République, est M. Antoine Lambert, horticulteur à Nice ;
ses magnifiques collections de rosiers, d'azalées, de
clivias, de cannas, de fougères, de palmiers, de plantes
de serre froide et d'orangerie, lui ont valu cette haute
récompense ; aucun défaut dans toutes ces collections
qui comptaient plusieurs centaines de plantes. M.
Lambert exposait aussi d'intéressantes greffes sur
l'*Acacia retinodes* ; c'est par ce greffage qu'on peut
faire venir dans tous les terrains, même les sols calcaires, les espèces d'acacia recherchées pour leurs
fleurs, qui sont rebelles au calcaire.

M. Bouteilly, horticulteur à Nice, a remporté aussi
un grand prix ; trois lots mettaient surtout cette
exposition en lumière : une rare collection d'orchidées
en fleurs, de très belles collections d'azalées et de
crotons, et une intéressante collection de fougères.

C'est surtout pour leurs belles collections de plantes
fleuries que MM. Vilmorin-Andrieux remportent un
grand prix : jacinthes, anémones, renoncules, primevères, cinéraires, résédas, salvias, réjouissent l'œil par
la variété de leur coloris et de leurs parfums. Ces
collections viennent des importantes cultures de MM.
Vilmorin Andrieux au cap d'Antibes, de même qu'une
magnifique série de plantes potagères qui leur a valu
une grande médaille d'or.

Deux autres prix d'honneur ont encore été attribués :
l'un, à M. Antoine Bonfils, horticulteur à Nice, qui

exposait surtout des rosiers, des cinéraires, des cannas, des mimulus, des palmiers de pleine terre ; l'autre à MM. Besson frères, pépiniéristes à Nice, qui exposaient de magnifiques collections de palmiers de pleine terre et une intéressante série d'orangers et de citronniers.

Deux spécialités principales suscitent l'émulation entre les horticulteurs niçois : c'est la culture du rosier et celle de l'œillet pour le commerce des fleurs coupées ; c'est à ces spécialités, principalement à la culture de l'œillet, que s'appliquent surtout les observations présentées plus haut. Pour les roses, le premier rang appartient à M. Antoine Mari, horticulteur au Parc-aux-Roses, dans la banlieue de Nice, où il a créé un établissement de premier ordre ; il exposait hors concours une admirable collection de roses, les plus belles qu'il soit possible de rêver. Quant aux œillets, on ne savait ce qu'il faut le plus admirer de la diversité et de l'éclat des coloris, ou bien de la variété des formes ; mais on doit constater que quelques semeurs manifestent, sous ce dernier rapport, des tendances dangereuses à exagérer les dimensions de ces fleurs délicates. M. Curti et M. Elysée Perrin exposaient hors concours des collections fort admirées. Les nouvelles variétés exposées par M. Octave Gimello, à la Lanterne, près de Nice, lui ont valu une grande médaille d'or ; la collection de M. B. Carriat, à Antibes, a été récompensée d'une grande médaille de vermeil. Nous citons d'autant plus volontiers ces deux noms qu'ils appartiennent à deux jardiniers modestes, qui doivent leur succès exclusivement à leur travail et à leur persévérance.

Il serait injuste de ne pas citer l'intéressante collection de garnitures de fleurs et de bouquets exposée par M. Jean Almondo, fleuriste à Monte-Carlo : corbeilles et gerbes de fleurs éclatantes lui faisaient vraiment honneur.

De semblables solennités ne peuvent avoir lieu chaque année ; en effet, plusieurs années sont nécessaires pour réaliser les nouveautés qu'elles mettent en lumière. La précédente exposition s'était tenue en 1895, et elle avait suscité l'admiration universelle. D'une voix unanime, les juges les plus éclairés ont constaté que celle-ci a été notablement supérieure à la précédente, qu'elle a réalisé le maximum de beauté qu'on pouvait atteindre. Ce n'est pas à dire que la porte ne soit plus ouverte à une plus grande perfection, ce qui serait inexact. Cela veut dire qu'il serait impossible de trouver aujourd'hui, dans les jardins du littoral, rien de plus beau ni de plus complet que ce qui figurait à l'exposition.

Plus modestes que la culture florale, la culture maraîchère et la culture fruitière occupaient néanmoins une place assez importante à l'exposition. C'est la production des primeurs, soit forcée, soit sous châssis, qui domine ici ; elle aussi, elle a sa large part dans la richesse croissante du pays. Les plus beaux lots, ceux qui attiraient spécialement l'attention, étaient ceux de fraises forcées (dont certaines valent en ce moment, de 60 à 70 francs le kilog., et qui s'achètent à ce prix), d'asperges, de tomates, d'artichauts, de pommes de terre nouvelles. A côté, les orangers, couverts encore de leurs fruits, contribuaient à donner à l'exposition son caractère spécial, qu'on ne trouvait nulle part ailleurs en France. — Les produits agricoles proprement dits n'avaient pas été omis. C'est ainsi que, quoique la vigne n'occupe, dans les Alpes-Maritimes, qu'une place assez restreinte, les collections de vins exposées étaient nombreuses et intéressantes.

L'exposition de Nice ne brillait pas seulement par les fleurs, mais aussi par les témoignages qu'elle a apportés de l'activité qui se manifeste dans les autres branches de la production agricole. Nulle part, en France, du moins, on ne trouve des contrastes aussi frappants à des distances aussi rapprochées : à quelques kilomètres à peine de la côte, le domaine de la montagne commence, et la région patosrale succède presque sans interruption à celle des arbres les plus méridionaux, l'olivier, l'oranger et le citronnier ; la vigne monte, sur certains points, jusqu'à l'altitude de

1.100 mètres. C'est donc dans un périmètre assez restreint que la culture proprement dite peut se développer.

La basse vallée du Var, la plaine de Cagnes et celle d'Antibes, conquises sur d'anciens marécages, sont les principaux centres de culture. C'est là qu'à côté des fleurs, et concurremment avec elles, la production des légumes, principalement celle des primeurs, a pris son grand essor. Dans une même pièce, la terre est souvent partagée entre les fleurs et les plantes potagères ; les mêmes cultivateurs s'adonnent aux deux productions. La fraise, l'artichaut, les pois, la pomme de terre, la tomate, sont les principales plantes cultivées ; l'exposition en a montré de très beaux spécimens.

Il y a peu d'années encore, la tomate était, particulièrement aux environs d'Antibes, l'objet d'une culture très étendue ; on en faisait jusqu'à trois saisons par an. Mais cette culture a considérablement diminué, parce qu'elle a cessé d'être aussi rémunératrice que par le passé ; en effet, l'Egypte est devenue, après et avec l'Algérie, une redoutable concurrente ; les fruits de première saison sous abris y arrivent à maturité plus tôt que sur la côte française ; ses envois ont provoqué une baisse sensible dans les prix de vente.

Néanmoins, la culture des légumes a toujours de belles ressources dans le pays niçois. Les collections réunies par le Syndicat de Cagnes, celles de MM. Vilmorin-Andrieux en ont donné, à l'exposition, une preuve remarquable. La culture des asperges s'est absolument transformée ; aux anciennes variétés locales, petites et maigres, on a substitué les variétés d'Argenteuil, et on en a obtenu d'excellents résultats ; M. Maraïni en montrait de très réussies. Il faut citer aussi les fraises de M. Nigon, les artichauts exposés par M. Hébert, les collections de MM. Anfosso, Malausséna, Rondelli, qui montraient les magnifiques résultats que quelques soins bien entendus permettent d'obtenir dans ce pays privilégié.

L'olivier, l'oranger et le citronnier sont les principaux arbres fruitiers du pays. L'importance des vergers d'oliviers séculaires a considérablement diminué ; ils rapportent peu, et ils sont fortement atteints par la fumagine ; mais ils donnent toujours une huile d'excellente qualité ; on a particulièrement remarqué les huiles présentées à l'Exposition par le Syndicat agricole de Berre et par celui de Cabbé-Roquebrune. M. Joseph Vial a présenté aussi une huile absolument remarquable.

On a déjà cité plus haut la très intéressante collection d'orangers couverts de fruits, présentée par MM. Besson frères. C'est surtout sur les terrains des nombreux coteaux qui s'enchevêtrent, séparés par d'étroites vallées, entre Menton et Monaco, que la culture du citronnier a pris une importance particulière. On voyait à l'exposition une très intéressante collection de citrons qui était présentée par le Syndicat de Cabbé-Roquebrune ; des études importantes sont poursuivies par ce Syndicat relativement à l'influence de l'époque de la floraison sur la qualité et sur la vente des fruits. Leurs résultats fourniront des renseignements précieux aux cultivateurs.

Trois Syndicats ont pris part à l'exposition de Nice. Depuis quelques années, le nombre des syndicats s'est développé dans le département ; ce sont tous des syndicats locaux, mais quelques-uns, comme celui de Cagnes qui compte environ 1.000 membres, ont une grande activité. D'après les renseignements fournis par M. Belle, professeur départemental d'agriculture, qui déploie une grande activité pour leur développement, on compte aujourd'hui douze syndicats dans le département, savoir : six dans l'arrondissement de Grasse, à Grasse, à Mougins, au Bar, à Vallauris, à Saint-Jeannet et à Cagnes ; cinq dans l'arrondissement de Nice, à Sospel, à Berre, à Lucéram, à l'Escarène et à Cabbé-Roquebrune ; un dans l'arrondissement de Puget-Théniers, à Gilette. On poursuit actuellement la constitution d'une union entre les syndicats, afin de leur faciliter leurs opérations. Quelques-uns ont déjà une activité considérable ; le Syndicat de Cagnes, par exemple, a fait en 1897 pour 131.205 francs d'achats répartis entre ses membres.

Dans la région montagueuse, les cultivateurs paraissent moins disposés à s'unir. Ils ont cependant un excellent exemple dans une fruitière qui traite le lait de 200 vaches environ, et dont le dernier exercice a fait ressortir le paiement du lait à raison de 17 centimes le litre. On peut faire d'excellent beurre dans les hautes vallées, comme l'ont montré les remarquables échantillons de beurre et de crême exposés par Mme Pichon, et qui lui ont valu une grande médaille d'argent. L'industrie laitière a une très belle place à prendre pour remplacer le beurre de Milan qui domine sur les marchés du littoral.

Un très grand nombre d'échantillons de vins figuraient à l'exposition de Nice, mais la qualité en était, pour le plus grand nombre, assez médiocre. La cause principale paraît en être à des soins insuffisants apportés à la vinification et à l'installation généralement défectueuse des celliers ; il paraît cependant que des progrès tendent à se réaliser sous ce rapport. En tous cas, le département peut produire d'excellents vins ; quand ils sont bien préparés, les vins de Bellet notamment sont corsés et riches en bouquet. On en a pu juger à l'exposition par l'excellent vin du Bellet qui a valu une médaille d'or à M. le chevalier V. de Cessole, un des plus dévoués agriculteurs du département. La crise phylloxérique a cruellement sévi dans les Alpes-Maritimes ; la reconstitution a été d'abord très lente à raison de l'extrême division de la propriété et de la culture, mais elle commence à s'accélérer ; on estime que les plantations du printemps actuel s'élèveront à 100.000 plants greffés environ. L'activité de M. Belle, que nous avons déjà signalée, s'exerce dans ce sens.

Pour terminer ce qui concerne l'exposition, il serait injuste de ne pas citer les remarquables plans de parcs, présentés par MM. Deny et Marcel, architecte-paysagistes, à Paris. Présentés hors concours, ils ont été signalés par le jury, d'une manière particulière, à l'attention de la Société d'agriculture.

J'achèverai ce compte-rendu par un aperçu sommaire sur une des exploitations les plus intéressantes de la banlieu de Nice, celle de M. Antoine Mari, au Parc-aux-Roses. M. Mari est considéré comme le maître incontesté dans la production des roses, et à ce titre, il a droit à une attention toute spéciale. Son exploitation a une étendue de 14 hectares, presque exclusivement consacrés à la culture florale. C'est progressivement que, depuis quatorze ans qu'il s'est adonné à cette production, M. Mari a développé son exploitation, à mesure que son industrie de la fabrication des rosiers en vue de la vente des fleurs coupées qu'une partie du domaine est consacrée ; c'est sur la production de la rose forcée que ses efforts portent principalement.

On ne compte pas moins de 6.000 mètres carrés couverts d'abris chauffés, au Parc-aux-Roses. Ces abris sont des serres d'une grande simplicité, faciles à monter et à démonter, longues d'une quarantaine de mètres, larges de 4 m. 50, suffisamment hautes pour qu'on puisse travailler à l'intérieur. Sur les flancs des coteaux entre lesquels la propriété se répartit, des terrasses ont été créées, par un défoncement profond du sol. C'est là que sont plantés les rosiers, soit en bandes parallèles, soit sur un rang unique, avec garnitures de treillages horizontaux pour les races sarmenteuses. Pendant l'été, qui est l'époque du repos relatif de la végétation, les serres sont enlevées ou complètement ouvertes ; c'est, en effet, surtout pour la saison d'hiver qu'on produit les roses. M. Mari organise le chauffage de ses serres avec des thermosiphons d'une simplicité extrême, de manière à avoir régulièrement plusieurs milliers de fleurs à expédier par jour, du 1er novembre au 1er mai. En outre, par l'emploi d'engrais bien combinés, d'un arrosage régulier, et par une taille appropriée à la vigueur des sujets, il obtient des fleurs d'une beauté et d'un développement tout à fait extraordinaires, qui sont recherchées, à un prix élevé, par les plus riches magasins des fleurs des grandes capitales de l'Europe. M. Mari a réalisé, à cet égard, une véritable transformation dans la culture des roses ; les fleurs qu'il obtient sont d'une pureté absolue, d'une élégance sans rivale. Les principales variétés qu'il cultive sont : les roses *Maréchal Niel*, *La France*, *Paul Neyron*, *Paul Nabonnand*, *Souvenir de la Malmaison*, *Marie van Houtte*, *Capitaine Christy*, etc. C'est ainsi que, d'une part, des sélections des meilleures variétés connues, d'autre part, des gains personnels à notre habile horticulteur, ont porté partout le nom de M. Mari.

Si les roses constituent le principal produit du domaine, les autres fleurs n'y sont pas négligées, particulièrement les œillets. M. Mari plante, chaque année, 50.000 à 60.000 boutures d'œillets remontants ; il cultive les variétés les plus belles et les plus recherchées. Il faut citer aussi de vastes pépinières de palmiers de pleine terre ; les pieds sont arrachés quand ils sont cinq à six palmes, puis mis en pots pour le commerce. Le jardin renferme encore une très intéressante collection d'orangers, qui compte environ 70 variétés ; c'est peut-être la plus riche et la plus variée qui existe sur tout le littoral.

Si la culture des œillets remontants est la plus lucrative pour les petits cultivateurs, celle du rosier suivant la méthode de M. Mari atteint peut-être la limite qu'on peut rêver, car le produit dépasse certainement 10.000 francs par hectare. Sans doute, cette culture exige un travail acharné et des frais élevés ; mais les efforts sont largement récompensés, et l'on n'a pas, comme dans tant d'autres branches de la production, à compter avec l'incertitude des saisons.

Si les horticulteurs du pays niçois ou provençal n'ont pas à redouter les saisons, ils ont, malheureusement pour eux, à lutter contre les compagnies de transports. Voilà des années qu'ils protestent contre les faveurs faites à leurs concurrents italiens par les compagnies françaises de chemins de fer. On leur a donné, à certains moments, un semblant de satisfaction ; mais les anciens errements eurent bientôt repris le dessus. Qu'on puisse faire sortir les fleurs et les légumes de Menton, de Nice, de Cannes ou d'Hyères aux mêmes taux et surtout avec la même célérité que les produits italiens qui traversent ces gares, voilà tout ce que demandent les producteurs. Ils ne réclament aucune faveur à l'encontre de leurs concurrents, ils voudraient simplement obtenir l'égalité. C'est montrer peu d'exigence ; et cependant leurs réclamations n'ont pas encore abouti.

HENRY SAGNIER.

Extrait d'un article publié par M. François Gos, dans « la Petite Revue agricole et horticole » du 3 avril 1898.

. . . .

. . . .

Nous terminons cette chronique au milieu des merveilles rassemblées par les horticulteurs de la région de Nice, à l'occasion de leur exposition triennale. Ceux qui, comme nous, ont eu le privilège de suivre, depuis une quinzaine d'années, la marche progressive de l'horticulture méridionale, ont été frappés, cette année, par l'imposante manifestation dont ils viennent d'être les spectateurs ravis. Certes, on s'attendait à bien, mais ce bien a été dépassé. Par la splendeur des apports, par les progrès qu'elle a mis en lumière et par ceux qu'elle nous promet dans l'avenir, l'exposition de 1898 laisse loin derrière elle toutes ses devancières. L'opinion unanime des membres du jury venus de tous les points de la France est qu'on doit beaucoup attendre d'une industrie qui a pu, en si peu de temps, s'affirmer d'une façon aussi éclatante et aussi originale. Les horticulteurs de cette zone favorisée ne se bornent plus à approprier leurs méthodes de culture d'une façon intelligente au climat de Nice : ils sont devenus de véritables créateurs. On sent, à voir leurs œuvres, que leur expérience se double d'un désir ardent de recherches et qu'ils tiennent, tout en faisant de l'industrie, à ne pas délaisser la science qui est la grande nourricière du progrès.

Nous laisserons à notre collaborateur et ami M. Granger, que le jury a désigné à l'unanimité comme rapporteur général — ce dont nous sommes heureux de le féliciter — le soin de décrire, avec sa compétence habituelle, cette belle exposition. Ce que nous tenons à dire ici, c'est tout le plaisir que nous avons eu à nous retrouver au milieu des membres de la Société centrale d'agriculture de Nice. Un moment, il nous a semblé que nous n'avions jamais quitté ce beau pays, tant les poignées de mains y étaient sincères, tant l'accueil qui nous y a été fait a été cordial. Il nous faudrait trop de place pour dire tous les mérites. Mais il convient de féliciter chaleureusement la Société de son initiative, de son dévouement et de la façon parfaite dont elle a su grouper les remarquables apports des horticulteurs. Elle est strictement dans son rôle en stimulant les producteurs et en donnant à tous l'occasion de se produire et de prendre sa place au soleil. Honneur aussi aux horticulteurs qui, oubliant les rivalités que l'exercice d'une même profession engendre trop souvent, ont placé au-dessus de tout l'intérêt et la prospérité d'un pays qui tire aujourd'hui de l'industrie horticole et florale un de ses principaux revenus. Félicitons ces horticulteurs de n'attendre le succès que de leur travail, qui est le vrai dispensateur de l'indépendance.

. . . .

***

Et maintenant que nous avons dit le grand effort accompli et que nous avons, comme c'était notre devoir, payé un tribut d'éloges à ces producteurs si méritants, qu'il nous soit permis d'émettre le vœu que la ville de Nice, le département des Alpes-Maritimes, la Société d'Agriculture et les Syndicats s'entendent en vue de l'édification à Nice, d'un vaste palais d'hiver qui soit le palais de l'horticulture. Dans un pays où se coudoient les grandes fortunes de la terre, qui compte parmi ses hôtes, nos hommes les plus illustres, ce projet ne doit pas rencontrer d'indifférents. Qu'un comité se constitue, qu'il fasse appel aux sociétés, aux corps élus, aux artistes, aux particuliers et aussi aux intéressés. Et que l'horticulture, qui contribue plus que toutes les réclames au rayonnement du soleil de Nice, ait son palais pour abriter et grouper d'une façon convenable les produits d'un sol et d'un climat incomparables.

Créées pour le plaisir des yeux, images vivantes du goût d'une époque, les plantes et les fleurs doivent être présentées dans un cadre digne d'elles, et ce serait mal comprendre l'intérêt qui s'attache à cette question que de continuer à les entasser sous des tentes d'un effet toujours disgracieux, insuffisantes, en tout cas, pour les soustraire aux caprices du temps. La chose vaut donc la peine qu'on y pense et personne mieux que la Société d'Agriculture de Nice n'est mieux placé pour prendre ce projet en mains et le faire réussir. Faute d'y pourvoir, les expositions deviendraient des entreprises trop aléatoires et on serait peut-être obligé d'y renoncer, au grand préjudice du progrès et de l'extension des produits de l'horticulture.

*
* *

L'agriculture et le mouvement syndical dans les Alpes-Maritimes. — A l'exposition horticole proprement dite était annexée une exposition de produits agricoles ; vins, huiles, légumes, fruits, miels, cires, instruments de culture, qui dépassait en importance celle des années précédentes. Les vins y étaient représentés par plus de deux cents échantillons.

Les coteaux de Bellet et de la Gaude avaient fourni quelques produits supérieurs, devenus des raretés depuis que le phylloxéra a ravagé les vignobles des deux rives du Var. Les viticulteurs des Alpes-Maritimes ne restent pas en retard. La reconstitution y est lente à cause de l'extrême variété des terrains et des difficultés d'adaptation, mais les nouvelles plantations sont pleines de promesses et les vins récoltés sont déjà doués de qualités. Mais si la culture est en progrès, la vinification s'opère encore au petit bonheur. Faute de donner aux vins et aux vases vinaires les soins élémentaires, les produits de beaucoup de propriétaires sont destinés à être consommés sur place et ne sauraient convenir à la consommation de la riche clientèle qui fréquente le littoral. C'est pourtant en vue de ces tables qu'il faudrait travailler. Les acheteurs des villes, négociants, hôteliers, restaurateurs, ne demanderaient pas mieux que de s'adresser dans le pays. Mais ils sont déroutés par cette variété de vins, eux qui recherchent surtout un vin uniforme et courant, susceptible de plaire non à quelques amateurs, mais à la masse des consommateurs. Et voilà pourquoi le département des Alpes-Maritimes, avec un climat sans pareil pour la vigne, avec des conditions exceptionnelles pour la vinification, continue à s'approvisionner des vins dans les pays voisins.

C'est aux syndicats surtout qu'il appartient de diriger le mouvement viticole. Le vigneron isolé, mal outillé, respectueux des usages anciens, n'arrivera jamais à produire des vins courants. Il préfère d'ailleurs vendre ses raisins à la clientèle des villes — et il ne cuve que la quantité de raisins nécessaires à sa consommation. Voilà un milieu bien propice à l'organisation de caves coopératives. Dans les pays de grande production où chaque propriétaire possède une installation industrielle, la chose peut rencontrer des difficultés. Il n'en serait pas de même dans les Alpes-Maritimes où les grands celliers constituent une exception. Que les syndicats s'organisent et qu'ils traitent en commun leurs raisins, dans des celliers bien appropriés et sous la direction de praticiens habitués au travail des vins, comme les éleveurs des Alpes traitent leur lait dans les *fruitières*. Ils récolteront bientôt le fruit de leur initiative. Et quelle heureuse transforma-

tion si tous ces coteaux pouvaient se couvrir de vignobles productifs ! Notez que la consommation des Alpes-
Maritimes est dix fois supérieure à la production, et
voyez la marge qui reste aux propriétaires de ce pays.

Mais, dans ce programme, pas de producteurs di-
rects n'est-ce pas ? De bons porte-greffes pour assurer
la fructification des cépages du pays. L'*Othello*, l'*Isa-
belle*, dont nous avons dû goûter de nombreux échantillons, peuvent être appréciés par une clientèle spéciale et ceux qui font des vins de *framboise*, comme
on dit à Nice, ont sans doute raison, du moment que
ce produit leur est enlevé. Mais les amateurs de ces
vins sont limités, et ce n'est pas en vue de la grande
consommation qui s'approvisionne partout, excepté
dans les Alpes-Maritimes.

Nous avons constaté que le mouvement syndical se
propageait. Déjà le syndicat de Cagnes compte près
de 1000 membres. Celui de Berre, un des plus anciens
en date, a déjà rendu des services appréciés ; ceux de
Cabbé-Roquebrune et de Gilette marchent sur leurs
traces. Le groupement local est le premier pas dans
la voie coopérative. Mais ces groupements seraient
sans avenir s'ils n'étaient ensuite fédérés en un syndicat central qui, tout en laissant à chaque syndicat
sa liberté d'action, leur donne des avantages plus
sérieux dans leurs opérations et par là l'impulsion
sans laquelle la plupart des syndicats végèteraient.
Ce sont là des résultats qu'on n'enregistre pas sans
satisfaction quand on a, comme nous, rompu les premières lances pour la constitution de ces syndicats.
Nous souhaitons que l'œuvre poursuivie avec ténacité
par notre ami et successeur à la chaire d'agriculture
de Nice, M. Belle, s'achève bientôt. Par suite de la
difficulté des voies de communication, aucun pays n'a
plus besoin de la coopération, aucun n'en tirera plus
de profit.

F. Gos.

NOMENCLATURE DES FLEURS ET PLANTES

exposées par la Société des Bains de Mer de Monaco

Comme nous l'avions promis, voici la nomenclature complète des fleurs et plantes superbes exposées par la Société des Bains de Mer :

Anthuriums :

Prince Albert Ier, Princesse Alice, Prince Léon de Radziwill, Princesse Ise de Radziwill, Mademoiselle Odile de Richelieu, Madame Jeanne Camille Blanc, Monsieur Camille Blanc, Mademoiselle Jeanne Chevalier, Monsieur le Chevalier Jean Blanchi, Madame Marie Blanchi, Monsieur Georges Bornier, Madame Henriette Bornier, Madame Jules Méline, Mademoiselle Madeleine Méline, Mademoiselle Jeanne Méline, Monsieur Gladstone, Lord Reudel, Monsieur Jean Ritt, Monsieur Désiré Pollonnais, Madame Elisa Van den Daele, Souvenir de Madame Louise Curti, Monsieur Jules de Cook, Monte-Carlo, Cristallinum, Ferrieuse, Lindizi, Subsignatum, Trilobum, Léodieuse, Madame Emilie Pollonnais, Waroqueanum, Acaulis, Ferrieuse, Rosea, Lindigi, Albums, Grandiflorum, Weitchi.

Crotons :

Aucubœfolium, Costerzei, Lord Reudel, Queen-Victoria, Rovier, Andreanum, Disraëli, Mac-Arthuri, Ovalifolium, Madame Troncy, Disraëli Gracilis, Charles Naudin, Camille Solignac, Madame Solignac, Bernardi, Amabilis, Madame Combes, Maurice Rouvier, Comtesse de la Baume, Madame Linden, Veneris, Fuscatum, Moorcanum, Tortil's, Cascarilla, Weitchi, Aucubœfolium, Lord Reudel, Madame Riffaut, Monsieur Bause, Monsieur Fournier, Mademoiselle Marie Duval, Sunschine, Denise, Couarnier, Madame Henriette Cappé, Alice, Comte de Rechove, Sulli, Mettalicum, Commandant Passé, Claude Guillin, Eugène Chantrier, Johannis, Yeungi, Multicolor, Prince Henri, Hendersoni, Cooperi, Majesticum, Disraëli, Mac-Arthuri, Queen-Victoria, Undulatum, Weismanni, Costerzei, Interruptum, Volutumum, Variegatum, Alexandre III, Irrégulare, Ovalifolium, Rœdii.

Caladiums :

Madame Marjolin Schœffer, Brongniarti, Gluck, Madame Houllet, Madame Hardy, Monsieur Hardy, Reine de Danemark, Madame Willaume, Monsieur Jules Duplessis, Madame Louise Duplessis, Vicomtesse de Laroque Ordan, Meyerbeer, Burel, Madame Fritz Kœchlin, Chelsoni, Luddemanni, Wighthi Superbum, Triomphe de l'Exposition, Duc de Morny, Pyrrhus, Bellini, Reichenbachia, Delicatissimum, Virgile, Duchesse de Montemart, Louise Poirier, Xenophon, Souvenir d'Edouard André, Félicien David, Paul Véronèse, Docteur Boisduval, De la Devansaye, Reine Marie du Portugal, Souvenir de Lille, Reine Victoria, Euchari, Halevy, Xérès, Argyritus, Artémise, Perle du Brésil, Comtesse de Maillé, Madame Alfred bleu, Bicolor Fulgens, Phébus, Aristide, Chantini Fulgens, Jupiter, Verdi, Sulli, Mistress J.-B. Box, Rameaux, baron de Rothschild, Ombrelle Parisienne, Gossec, Emilie Verdier, Monsieur Linden.

Une collection de 3o variétés de cinéraires à fleurs doubles obtenues par le chef jardinier Van den Daele Jules.

Une collection de 25 variétés de cyclamens à grandes fleurs obtenues par le chef jardinier Van den Daele Jules.

Une collection de 3o variétés de Digitalis obtenues par le chef jardinier Van den Daele Jules.

Cinquante calcéolaires variés obtenus par le chef jardinier Van den Daele Jules.

Viennent ensuite une quantité de plantes et de fleurs
variées savoir :

Hortensia Otaxa ; Pandanus Baptisti ; Begonia Gloire
d'Azow, Madame Jeanne-Camille Blanc, Mademoiselle
Jeanne Chevalier ; Swainsonia Alba ; Aglaonema rubrum;
Sanseviera Silindrica ; Drynaria Musœfolia ; Schima-
toglottis Commutata ; Stenoclena, Scandius ; Camœdorea
Elegantissima ; Caryota Urcus ; Thrinax Elegantissima,
Parvifolia ; Nidularium Innocenti, Meyendorff, Tristi,
Maoulatum, Amazonica ; Æchmea Fulgens, Madame Le-
cocq, Weilbachii, Cryptantus Zonatus ; Caraguata Ligu-
lata ; Guzmannia Fragrans ; Tillandsia Splendens, Bivi-
tata, Fenestralis ; Billbergia Rubra-Marginata ; Adiantum
Bausei, Cuncantum, Gracilimum, Farlegonse, Tenerum ;
Asplenium Nidus Avis ; Nephrolepis Exaltata, Deval-
lioides-Furcans ; Polypodium Glaucum, Aureum,Species ;
Fittonia Argyroneura ; Pandanus Veitchi, Amarallidifolia;
Sanchezia Nobilis ; Aralia Cabrieri.

Dracœna gloriosa, Neo Caledonica, Lindeni, Sande-
riana ; Tillandsia Fenestrali, Tesselata, Musaïca, Splendens, Bivitata, Lindeni ; Nidularium amazonicum, Inno-
renti, Triste, Meyendorf, Striatum, Aurea Striata ; Vriesea
Magnisianum , Splendens , Hierogliphyca ; Criptantus
Zonatus ; Caraguata Zhani ; Canistrum Salieri ; Eucho
lirium longhei ; Karatas Acanthocratus ; Ananassa Sativa
Variegatta ; Pitcairnaia Canescens ; Panax Victoria, Plu-
mosum ; Drynaria Musœfolia ; Pandanus Weitchi ; San-
seviera Silendrica ; Peperonia Argentea, Canescens ; Clu-
sœfolia ; Heliconia, Aurea Stricta, Illustris ; Pelonia
Purera ; Medenilla Magnifica ; Ficus Elastica ; Mimosa
Felicifolia ; Hibiscus Cooperii ; Rinchia Floribunda ;
Centrosolenia Culata ; Cinningia Purpurea ; Campylo-
botrys Ghiesbregtii ; Graptophilum Nartoni ; Dracœna
Amabilis ; Polipodium Scandens, Speciosum ; Blechnum
Brasiliense, Gracilis ; Nephrolepis Davalloïdes Furcans ;
Vanilla Aromatica ; Pothos Celautocolis ; Philodendron
Scotianum ; Schimatoglottis Picta ; Cochleostema Jaco-

bianum ; Dieffenbachia Magnifica ; Aralia Guilfoylei, Massengeana, Felicifolia, Chabrieri.

Dieffenbachia Parlatorei, Marmorea, Blumei, Philodendron, Lindeni, Fixum ; Pothos Celataucolis ; Schimatoglottis Pictum, Robelini ; Dracœna Grandis, Umbraculifera, Australis ; Platycerium Grande, Alcicorne ; Lonchitis Pubescens ; Davallia Species ; Adiantum Polyphyllum, Concinnum ; Billbergia Pyramidalis, Splendida, Coppei, Amœna, Longifolia, Graminifolia ; Sansevicra Zebrina, Species ; Ficus Feroginosa ; Cochleostema Jacobianum ; Theophrasta Imperialis ; Platycerium Grande, Alcicorne, Hylli, Adiantum Farleyense, Bausci, Scutum, Victoria, Polyphilum, Peruvianum ; Asplenium Nidus-Avis, Germingi.

Un lot important de Pelargoniums :

Pelargonium Monsieur Bischoffsheim, Troubadour Parmentier, Gloire d'Orléans, Monsieur Raindet, Vénus, Pierre Nugues, Edouard Perkin, Species, Deuil du Président, Malvœflorum, Juvénal, Madame Lemaître, Madame Fourcade, Triomphe de Jeanne d'Arc, Le Titien, Gloire de Crimée.

Enfin des rosiers variés, azalées variées, pivoines herbacées variées, hortensia Otaxa ; bégonia Madame Jeanne, Camille Blanc, Mademoiselle Jeanne Chevalier, Gloire d'Azow ; clématite The President, Swanisonia Alba, et plusieurs plantes de sensitives dénommées Mimosa pudica.

TABLE DES MATIÈRES

298

BIBLIOTHEQUE NATIONALE DE FRANCE

3 7531 002062 13 2

www.ingramcontent.com/pod-product-compliance
Lightning Source LLC
Chambersburg PA
CBHW051007060726
47593CB00017B/1103